수학은
암기다

김현정 지음

수학은

대치동 입시 수학 30년 내공의 비밀

암기다

한국경제신문

암기 방법으로 수학을 공부해서 명문대에 입학한 선배들의 추천사

《수학은 암기다》는 수학을 어떻게 공부해야 할지 잘 모르는 중·고등학교 학생들을 위해 쓰인 책입니다. '수학은 ◯◯이다'라는 단호하고 압축된 문장에 저자의 강한 신념이 드러납니다. 많은 학생이 이 책을 읽고 수학 공부에 도움을 받을 수 있도록 추천합니다.

첫째, 이 책은 학생들이 수학 공부를 하면서 맞닥뜨리는 다양한 고민에 대해 해답을 제시합니다. 학생들은 수학을 공부하며 어떻게 공부해야 할지 가닥이 안 잡히기도 하고, 누가 제시하는 공부 방법이 옳을지 고민에 빠지기도 합니다. 예를 들어, '귀찮은데 공식을 꼭 외워야 할까?' '개념서를 다 공부했는데 새 개념서를 사서 다시 공부해볼까? 아니면 이미 읽었던 개념서를 다시 읽어볼까?' '오답 노트를 꼭 만들어야 할까?'와 같은 고민에 자주 빠지게 됩니다. 《수학은 암기다》에서는 이 수많은 고민에 대한 해답이 될 만한 해결책을 근거와 함께 제시하고 있습니다.

둘째, 학생들이 놓치기 쉬운, 효과적인 수학 공부법들을 제시하고 있습니다. 효율적이고 효과적인 수학 공부법은 분명히 존재합니다. 막연하게 문제를 많이 푼다고 해서 공부 효율이 올라가는 것은 아닙니다. 어떤 학생은 스스로 연구하여 자신만의 공부법을 개발하기도 합니다. 그러나 공부법을 스스로 개발하기엔 시간이 부족할 수도 있고, 결국 공부법을 떠올리기 어려울 수도 있습니다. 따라서 신뢰할 수 있는 누군가가 먼저 발견한 공부법을 활용한다면 큰 도움이 될 것입니다. 저자가 직접 언급했듯이 '좋은 선생님'이 필요합니다. 저자는 이 책에서 '백지테스트' 또는 '모개념을 써놓고 문제풀이 하기'와 같은 실제로 활용 가능한 효과적인 공부법을 제시합니다. 《수학은 암기다》는 분명히 학생 여러분에게 실질적인 도움을 주는 '좋은 선생님'이 될 것입니다.

셋째, 이 책은 실제 시험에 사용할 수 있는 효과적인 전략을 제시합니다. 수학 공부를 효과적으로 하여 실력을 상승시키는 데 그치는 게 아니라 '입시'라는 목적을 달성하기 위하여 결국은 '시험 점수'가 중요할 수밖에 없습니다. 단순한 수학 실력이 시험 점수에 그대로 반영되지만은 않습니다. '수학 실력'과는 또 달리 '시험'을 잘 보기 위한 '시험 요령'이 존재합니다. 저자는 이 책에서 학생들이 본래 실력을 실제 시험장에서 최대한으로 발휘하도록 돕는 '시험을 잘 보기 위한 요령'을 다양하게 소개합니다. 특히 '단원명과 개념을 문제 위에 적고 풀기'는 실제로 저도 자주 활용했던 방법이고, 문제 해결을 위한 아이디어를 떠올리는 데에도 큰 도움이 됩니다.

하지만 이 책을 한 번 읽었다고 해서 수학 성적이 저절로 오르지는 않습니다. 문제집과 개념서를 준비한 뒤, 이 책에서 제시하는 공부법과 풀이법 등을 실천해보세요. 그리고 반복, 또 반복하고 연습해보세요. 《수학은 암기다》에서 제시하는 공부법의 의도를 이해하고 꾸준히 훈련한다면 분명 눈에 띄는 변화를 만나게 될 것입니다. 이 책을 많은 학생이 읽고 수학을 더 쉽게, 더 즐겁게, 더 효과적으로 공부하게 되길 바랍니다.

서울대학교 물리학과 재학생

국은 숟가락으로 먹어야 쉽고 반찬은 젓가락으로 먹어야 쉽습니다. 또한 젓가락이 있다 해도 젓가락을 써본 적 없는 외국인들은 젓가락으로 음식을 집어 먹기를 어려워하죠. 수학도 마찬가지입니다. 문제 유형마다 써야 할 공식이 다르고 그 공식을 제대로 쓸 줄 모르면 푸는 데 시간이 오래 걸립니다. 이러니 수학은 쉽지 않습니다. 어린 시절 젓가락질이 서툴렀으나 자주 쓰고 익혀 이제는 자연스럽게 사용하듯, 수학도 여러 번 반복하고 개념과 공식을 자꾸만 적용해봐야 익숙해집니다.

제게 수학은 재미난 과목이었습니다. 물론 쉽지 않았지만 오히려 그래서 붙들고 해결했을 때 얻는 성취감이 더 컸지요. 그러나 정해진 시간에 다수의 문제를 정확히 풀어야 하는 시험의 특성 때문에 천천히 해답을 찾기란 불가능했습니다. 유형마다 정해진 풀이만을 대입하는 기계적 암기만으로는 풀리지 않는 문제도 많았지요. 그럴 때마다 제게 도움이 되었던 방법은 역설적이게도 암기였습니다. 단순히 공식이 무엇인지 외우는 것이 아니라 그 공식을 어디에 어떻게 사용해야 할지에 대한 암기(더 정확히는 문제풀이 방법을 찾는 데 익숙해지는 것)가 문제를 해결하는 데 더 도움이 되었습니다. 이러한 과정에는 당연히 개념에 대한 이해가 바탕이 되고 이를 응용할 줄 알아야 합니다. 하지만 이러한 과정을 거치지 않고 단순히 '이런 유형에는 이 풀이 방식이다'라는 주입식 암기 방식으로 가르치는 선생님들이 너무 많았습니다. 학교 선생님들도, 학원가에서 유명한 선생님들도 그런 경우가 많았지요. 그렇게 문제를 풀다 보니 한 번 봤던 유형들에 대한 풀이 속도는 향상됐지만, 몇 번 꼬아놓은 문제 유형, 즉 킬러 문항의 해결에는 어느 순간 어려움을 겪을 수밖에 없었습니다.

그러던 때 김현정 선생님을 만나게 되었고 덕분에 수학 성적의 정체기를 벗어날 수 있었습니다. 선생님은 기계적 암기가 아니라 개념과의 연계를 통한 능동적 암기와 풀이 진행 과정에서 수학 개념과 공식이 어떻게 사용되는지를 이해해야 한다고 강조하셨습니다. 풀이가 막혀 해설지를 보더라도 풀이 과정에서 행간 사이의 개념을 어떻게 적용할지 이해하도록 노력하라는 가르침을 주셨습니다. 이를 통해 개념과 공식이 실제 문제풀이에 어떻게 적용되는지 능동적으로 암기할 수 있게 되었습니다. 또한 킬러 문항 정답률도 많이 올랐습니다. 덕분에 저는 연세대 논술 전형에서 우수한 성적을 거둬 국가장학금 대상자로 입학할 수 있었습니다.

이러한 가르침을 주신 김현정 선생님께서 수학 학습법을 제대로 정리하여 펴낸 이 책을 통해 수학을 어렵게만 여기던 학생들도 수학에 자신감을 가질 수 있을 것 같습니다. 수학은 어렵기만 한 과목이 아니라 접근 방법에 따라 얼마든지 해결할 수 있는 과목이기 때문입니다. 제가 바로 그 증거입니다.

연세대학교 공과대학 기계공학부 졸업생

제가 수포자의 길을 피해 갈 수 있었던 것은 김현정 선생님 덕분입니다. 저도 처음에는 수학이 정말 어려웠습니다. 시험을 보면 항상 시험에 통과하지 못했고, 재시험을 봐야 했습니다. 틀린 이유는 간단했습니다. 수학 공식을 암기하지 못했거나 쓸 줄 몰랐기 때문입니다. 수학 공식을 외우고 문제가 술술 풀리는 경험을 일단 해보고 나면 외우지 않을 수가 없었습니다. 그렇다고 그저 문제풀이에만 급급한 쉽고 빠른 방법을 배운 건 아닙니다. 그 공식이 어떻게 나오게 되었는지, 공식이 생각나지 않을 경우 어떻게 풀어야 할지 한 개념도 건너뛰지 않고 배웠습니다.

선생님께서는 노트 풀이와 반복을 강조하셨습니다. 가르침대로 저는 풀이할 노트, 《수학의 정석》, 시험지를 매번 들고 다녔습니다. 수업 때 풀고, 시험 때 풀고, 숙제로도 풀었습니다. 틀렸던 문제는 단순한 실수였는지, 시간이 넉넉하면 풀 수 있었던 문제였는지, 많이 어려웠던 문제였는지 꼼꼼히 표시를 했고요.

약 5년의 시간 동안 그렇게 반복했습니다. 학년이 올라갈수록, 문제집의 난이도가 높아질수록 수학은 또 어려워졌습니다. 그러나 선생님께서 알려주신 개념과 반복, 효율적인 암기 훈련 과정을 겪으며 저는 마침내 수학의 원리는 간단하며 어떤 어려운 문제도 결국은 풀릴 것이라는 믿음을 갖게 되었습니다. 그렇게 포기하지 않은 결과, 학교 시험에서도 빛을 발할 수 있었습니다. 수학이 어려워 지레 겁먹고 담을 쌓으려는 후배들, 수학에 대해 잘못 생각하고 있는 후배들 모두 부디 《수학은 암기다》를 읽으면 좋겠습니다. 수학을 포기하지 않게 될 방법이 이 책에 고스란히 담겨 있으니까요.

고려대학교 의과대학 재학생

프롤로그

성적이 반드시 오르는 수학 공부법

수학에 있어 다들 너무나 오랫동안 수학 문제 풀기에만 매달려왔습니다. 하지만 수학에 들이는 시간에 비해 수학 점수는 오르지 않고, 아무리 수학과 친해지려고 해도 수학은 여전히 어렵고 멀게만 느껴집니다. 이 악순환을, 수학에 대한 짝사랑을 어떻게 끊어내고 노력에 대해 보상받을 수 있을까요?

수학을 어려워하는 학생들을 오랫동안 가르치며 고민해왔습니다. 수학 공부를 잘하는 방법은 무엇일까? 어떻게 하면 수학이 쉬워질까? 수학을 재미있게 공부하려면 어떤 방법으로 해야 할까?

어쨌든 수학 공부의 목표는 실력 향상입니다. 성적이 반드시 올라야 하는 것이지요. 특히 고3 모의고사 성적이 잘 나와야 합니다. 아무리 시대가 바뀌고 그에 따라 사람들의 인식이 달라진다지만 수학의 기본 내용은 변하지 않습니다. 교과 과정이 바뀌어도 순서만 달라질 뿐이지요. 그리고 여전히 대부분의 학생들이 수학을 어려워합니다. 참 쉽게 수학을 포기하고요. 당장 수학 성적을 올려야 한다는 사실도 중요하지만, 수학을 포기하지 않고 꾸준히 배워나가려는 자세가 더 중요합니다.

수학 공부를 어떻게 해야 할지 잘 모르는 사람들이 꽤 많습니다. 부모는 자녀의 실력을 잘 알지만 현실적으로 인정하지 못하기도 하고, 아이들은 지루하고 어려운 수학이 늘 막막하게 느껴집니다. 그러나 고2 여름 방학 때부터 수학 공부를 시작하여 수능 1등급을 받은 학생도 있고, 중학교 때는 전혀 공부하지 않다가 중3 겨울 방학 때부터 열심히 공부해서 명문 대학에 입학한 학생도 많습니다. 이게 어떻게 가능하냐고요? 학생에게 자신감을 심어 주고, 수학을 쉽게 가르쳐주면 됩니다. 어렵게 배웠기 때문에 수학이 어려운 거예요.

수학을 잘하려면 개념에 대한 이해와 자신감이 가장 중요합니다. 수학 문제는 스킬이 아니라 개념으로 풀어야 해요. 개념을 바탕으로 공부하지 않으면 문제를 이해할 수 없습니다. 실력도 늘지 않고 결국 문제를 전혀 풀지 못하게 되지요. 각 문제별로 개념이 어떻게 적용되는지 알고 나면 그다음엔 연습 그리고 암기입니다. 아무리 개념을 이해했다고 해도 그 내용과 공식을 외우지 않으면 문제를 풀지 못합니다.

그러므로 수학도 외워야 합니다. 수학은 '암기' 과목입니다. 그렇다고 무작정 외우는 게 아니에요. 잘 외우고 많이 외워야 합니다. 외워야 문제가 잘 풀리고 또 빨리 풀리니까요. 개념과 공식을 다 이해하고 증명한 다음엔 반드시 그것을 외워야 합니다. 개념서 목차까지도 줄줄 외워야 하지요. 문제와 공식의 결합도 마찬가지고요.

중고등수학은 노력으로 성적을 올리는 것이 충분히 가능합니다. 대학에서 학문으로 배우는 수학은 좀 다를 테지만요. 다른 과목은 다 잘하는데 수학만 못하는 학생들이 무척 많습니다. 수학적 재능이 없어서가 아니라 올바른 수학 공부법을 잘 모르기 때문입니다. 국어나 영어, 사회를 공부할 때는 암기를 당연시하지만 수학은 암기가 중요하지 않다는 편견이 있어요. 아무리 개념을 잘 이해했어도 그 개념이 머릿속에 들어 있지 않으면 제때 꺼내어 활용할 수 없는데 말입니다.

그렇다면 수학을 어떻게 외워야 할까요? 철저한 개념 학습을 바탕으로 외우면 됩니다. 수학에서 암기는 그게 전부예요. 지금까지 이런 식으로 공부를 안 했기 때문에 수학이 어려웠던 것입니다. 올바른 공부법을 잘 활용하면 수학이 쉬워지지요. 수학은 어렵다는 선입견을 버리세요. 그리고 지금 내가 수학을 어떻게 공부하고 있는지 한번 잘 생각해보세요.

수학 공부는 무엇보다 스스로 할 수 있어야 합니다. 풀 수 있는 문제를 조금씩이라도 혼자 풀어 보는 것이 중요하지요. 수학에 있어서 칭찬이라고는 한 번도 받아본 적 없는 학생이 스스로 공부하여 칭찬을 받는다면 그 학생은 그 순간부터 수학에 한 걸음 더 다가가게 될 것입니다. 선생님이나 부모님으로부터 받는 칭찬도 물론 좋지만, 셀프 칭찬도 중요합니다.

수학은 어렵지 않아요. 그리고 충분히 쉬워질 수 있어요. 차근차근 개념 학습을 통한 암기가 그 비법이지요. 수학 공부를 할 때 암기가 매우 중요하다는 사실을 인정하면 다른 과목만큼 수학도 잘할 수 있습니다. 더 쉽게 다가갈 수 있고, 더 만만한 과목이 될 수 있어요. 비상한 소수가 아닌 성실한 다수가 잘할 수 있는 쉬운 과목이 될 수 있습니다.

가장 먼저 수학 교과서 '읽기'부터 시작해보세요. 문제를 푸는 게 아니라 읽으며 자연스럽게 외운다는 기분으로 개념에 접근해보는 것입니다. 내일은 오늘보다 수학과 더 친해지게 될 거예요. 매일매일 조금씩 수학이 쉬워질 것입니다. 모든 학생에게 수학 공부가 즐겁고, 쉽고, 만만해지길 진심으로 바랍니다. 이것만 기억하세요.

"수학은 암기다!"

수학은
암기다
차 례

4장
수학은 '문제풀이'다

5장
수학은 '시험'이다

6장
수학은 '오답 체크'다

암기

⬇

개념

⬇

선행

⬇

문제풀이

⬇

시험

⬇

오답 체크

1장

수학은 '암기'다

외우지 않았기 때문에 수학이 어려운 것이다.
"가장 먼저 수학 교과서 '읽기'부터 시작하자!"

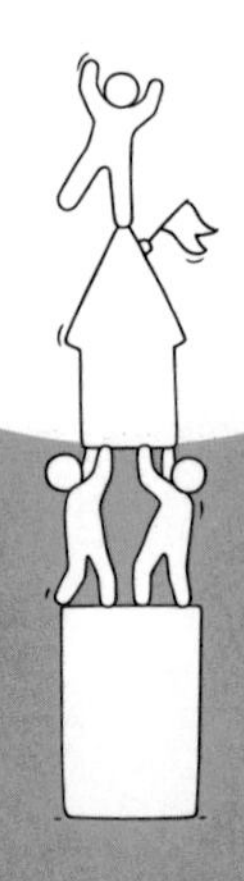

01 외워야 문제가 풀린다

수학은 암기 과목입니다. 암기가 우선이지요. 수학을 암기해야 한다니 생각도 못 해본 말이라고요? 그동안 외우지 않았기 때문에 수학이 어렵고 문제를 쉽게 풀지 못했던 것입니다. 이제부터라도 외우면 문제가 술술 잘 풀릴 거예요. 무엇을 어떻게 외워야 하는지 차근차근 짚어봅시다.

수학에서 외워야 할 것은 정의, 용어, 공식, 문제풀이의 모개념 이렇게 네 가지입니다. 정의와 용어는 그냥 무작정 외워야 하는 것입니다. 수학에 있어서 그렇게 하자는 불변의 약속이기 때문이지요. 하지만 공식은 증명하고 외워야 해요. 다른 사람에게 설명할 수 있어야 한다는 뜻입니다. 문제풀이의 모개념은 문제풀이에 사용되는 제일 간단한 개념을 말합니다. 이 모개념도 문제와 같이 외워야 합니다.

지금부터 하나하나 좀 더 구체적으로 살펴봅시다.

첫째, 정의를 외워야 합니다. 예를 들어 '허수단위 i'를 한번 살펴볼까요? 고1 수학 교과 과정에서는 수가 복소수까지 확장됩니다. "제곱하면 -1이 되는 수를 생각하여 이것을 문자 i로 나타내고, 이를 $i^2=-1$로 표기한다. 이때 i를 허수단위라고 한다" 이것이 허수단위의 정의입니다. 허수단위 i가 뭐냐고 물으면 이와 같은 대답이 정확하게 나와야 하지요.

바로 이것을 외워야 합니다. 정의는 모든 개념과 공식의 기반입니다. 즉 수학 개념과 공식은 정의에서부터 시작되는데 이 정의를 모르면 건물을 지을 때 지반 공사를 하지 않는 것과 같습니다. 기초가 단단하지 못하면 그 위에 세운 건물은 흔들릴 수밖에 없는 것이지요.

이 허수단위 i의 개념이 확장되어 복소수를 정의합니다. 학생들에게 "복소수가 뭐지?" 하고 물으면 제대로 대답하지 못하는 경우가 많아요. 정의부터 정확하게 알아야 합니다. '복소수는 a, b가 실수일 때 $a+bi$ 꼴의 수'입니다. 정의를 정확하게 알면 그다음에 나오는 개념은 쉽습니다. 자, 그러면 실수와 복소수의 포함관계는 어떻게 될까요? $b=0$이면 실수가 되는 것이고, $b\neq0$이면 허수단위 i가 있게 됩니다. 실수가 복소수에 포함되지요(실수$\subset$복소수). 개념이 자연적으로 따라 나오게 되어 있어요. 이렇게 정의를 외운 뒤 이를 바탕으로 개념을 파악하고 정리해야 합니다.

둘째, 용어를 외워야 합니다. 의외로 수학용어를 몰라서 문제를 풀지 못하는 경우가 많아요. 국어의 독해력이 따라주지 않으면 수학도 잘하지 못합니다. '도형의 이동' 단원에서는 '대칭이동'을 배웁니다. 기본적인 대칭이동에 대한 개념 설명이 끝나면 "점 A를 직선 y=x에 대하여 대칭이동하시오"라는 문제가 나오지요.

문제를 풀기도 전에 헷갈리기 시작합니다. 독해에 문제가 생긴 것이지요. 대칭이동이란 용어의 의미를 정확하게 외워놓지 않았기 때문입니다. "점 A를 직선 y=x에 대하여 대칭이동하시오"라는 것은 '점 A가 직선 y=x를 수직으로 지나서 반대 방향으로 같은 길이만큼 가는 것'입니다. 문제풀이에 나오는 수학용어의 의미를 정확하게 외워놓지 않으면 문제를 어떻게 풀어야 할지 아예 접근이 불가능합니다.

'방정식' 단원에서는 '부정방정식'을 배웁니다. 따라서 부정방정식이라는 용어가 매우 많이 나오지요. 부정이라는 말을 긍정의 반대로 생각하기 쉬운데 전혀 그렇지 않습니다. 미지수의 개수보다 방정식의 개수가 적을 때 그 해는 무수히 많은데, 이와 같은 방정식을 '부정방정식'이라고 합니다. 일반적으로 해를 구하기 위해서는 미지수의 개수만큼 방정식이 주어지면 유한 개(셀 수 있는 개수)의 해를 구할 수 있어요. 하지만 그렇지 않은 경우에는 부정방정식의 풀이대로 풀어야 합니다.

이때 부정방정식의 의미를 정확히 알고 있으면 부정방정식의 해를 구하는 방법으로 생각하여 문제를 풀겠지요. 하지만 부정방정식이란 용어를 정확히 잘 모르면 풀이 방법을 쉽게 떠올리지 못합니다. 수학용어들의 정확한 뜻은 개념서에 자세히 나와 있어요. 그래서 개념서가 중요합니다. 문제풀이를 하다가 용어에 대한 이해가 부족하다고 느끼면 개념서에서 해당 용어를 찾아 형광펜으로 표시해 놓으면 됩니다. 아마 개념서를 볼 때마다 눈에 띄어서 자주 접하게 되고 그러다 보면 어느새 머릿속에 팍 꽂힐 거예요!

셋째, 중요한 공식을 외워야 합니다. 공식은 외워야 할 뿐만 아니라 해당 단원에 있는 모든 공식을 스스로 정리할 줄 알아야 합니다. 물론 무조건 외우는 게 절대 아니에요. 외우기 전에 스스로 증명할 줄 알아야 합니다. 또한 남에게 설명할 줄 알아야 해요. 증명할 줄 모르는 공식은 사용한다 해도 문제를 풀 때 자신감을 잃게 되어 계산에서 실수할 확률이 높아지고, 어떤 공식을 어떤 문제에 적용해야 할지 확신이 서지 않아 여기저기 남용하는 결과를 초래하기도 합니다.

이번엔 이차방정식에서 배우는 '근의 공식'을 예로 들어볼게요.

$$ax^2+bx+c=0(a\neq 0)\text{에서 } x=\frac{-b\pm\sqrt{b^2-4ac}}{2a}$$

이 공식을 정확하게 증명할 수 있다면 많은 것을 아는 것입니다. 근의 공식은 이차방정식에서만 사용되는 공식으로 내용이 중요합니다. 이 내용이 이차함수에서 확장된 개념으로 나오기 때문이지요. "√ 안의 값이 양수이면 실수가 되서 실근, √ 안의 값이 음수이면 허수가 되서 허근이다." 이런 식으로 내용이 이해되어 외우듯 자동으로 나와야 합니다. 이해함으로써 자연스럽게 외워지는 것이죠. 무작정 '이차방정식의 해는 이렇다' 하고 외우면 문제를 풀기 어렵습니다. 그리고 다음 과정으로 넘어갈 때도 그동안 배운 개념들이 잘 연결되지 않지요.

수학에서 외워야 할 것 중에 가장 중요한 것이 바로 '공식'입니다. 공식은 문제풀이 시간을 단축하고 정확한 답을 구하게 합니다. 이 공식 안에도 개념이 있어요. 공식을 잘 외운다는 것은 공식 안에 있는 개념 정리도 잘 되어 있다는 뜻입니다. 수학을 못하는 학생은 공식을 써보라고 하면 잘 쓰지 못합니다. 문제풀이를 하기 전에 공식을 먼저 정리해두어야 합니다. 공식을 외우지 않고 문제를 풀고자 한다면 아예 풀지 않는 편이 나아요. 그 시간에 즐겁게 놀고 쉬는 게 백배 더 낫지요. 적어도 수학에 대한 스트레스는 안 받을 테니까요. 공식을 외우지 않고 문제를 풀면 문제가 풀릴까요? 수학이 점점 더 어려워지고 수학을 멀리하게 되는 이유가 될 뿐입니다.

넷째, 문제풀이에 사용되는 모개념을 외워야 합니다. 활용할 수 있는 개념 중에 계산이 가장 간단하고 명확한 한 개의 개념만 외우면 되는 것이지요. 어차피 계산이 복잡하고 다른 문제에 적용되지 않는 개념은 외울 필요가 없어요. 정확하고 간단하게 가면 됩니다. 어떤 개념이 제일 훌륭한지 시행착오를 겪으며 판단해보세요. 해설지를 보면 풀이 방법이 두 개 이상 되어 있지요? 그중 계산이 가장 간단한 개념을 택해서 외우면 됩니다.

문제풀이의 모개념을 정확히 알기 위해서는 반드시 해설지를 봐야 합니다. 해설지가 손에 없다면 공부를 하다 만 셈입니다. 자녀가 공부하면서 해설지를 보고 있으면 부모들은 대부분 이렇게 말하지요. "해설지를 보고 풀면 어떻게 하니? 당장 해설지 덮어!" 그러나 문제를 풀고 나서 틀리면 해설지를 봐야 합니다. 답이 맞아도 봐야 해요. 문제풀이의 정확한 모개념을 익히기 위해 해설지를 꼭 봐야 합니다. 참고서를 고를 때 문제의 구성도 중요하지만 해설의 내용 또한 중요한 이유입니다.

수학이 암기 과목인 이유

수학에 대한 편견을 깨야 합니다. 수학은 외워야 하는 과목이에요. 앞서 설명한 네 가지 항목을 외우지 않았기 때문에 수학을 못하는 것입니다. 모든 공식을 증명하면서 문제를 풀 수는 없어요. 공식은 문제를 빨리 효율적으로 풀기 위해 만든 것입니다. 언제든지 그 공식을 증명할 수 있는 실력을 갖추고 외워놓으면 됩니다. 또한 정의와 공식을 구분해야 합니다. 정의는 무조건 외우는 것이고, 공식은 스스로 증명해보면서 외워야 합니다. 개념서에 설명되어 있는 수학 용어도 정확하게 이해한 뒤 형광펜으로 표시해가며 외워보세요. 문제풀이에 사용된 모개념도 문제 유형별로 외워두고요. 수학은 암기 과목이 아니라는 편견을 과감히 깨버리고 당장 실천해보세요!

02 수학 암기의 첫걸음

개념서로 수학을 처음 공부할 때 정의, 성질, 용어, 공식을 정확히 구분해서 외워야 합니다.

정의부터 한번 살펴볼까요? 일차방정식이 있다면 일차방정식의 정의가 있겠지요. 방정식이니까 변수가 있을 테고요. 일차방정식이므로 변수의 차수가 일차식 꼴일 것입니다. 즉 일차방정식의 정의는 "x에 대한 일차식=0의 꼴로 나타내어지는 방정식"입니다. 개념서에 이렇게 정의되어 있지요. 이를 식으로 나타내면 'ax=b'입니다. 이러한 정의를 확실하게 외워야 합니다. a, b와 같은 문자는 숫자를 나타내는 것이라서 항상 문자가 나타내는 숫자를 함께 표시해줘야 해요. 만약 문자에 아무런 표시가 안 되어 있다면 실수를 나타내는 것입니다.

정의를 외워서 문제를 푸는 경우와 정의를 외우지 않고 문제를 푸는 경우를 비교해봅시다. 정의를 외워서 문제를 푸는 경우 일단 일차방정식을 푸는 데 있어 접근이 쉽습니다. '일차방정식이 x에 대한 일차식=0이고, 식으로 나타내면 ax=b이니까 이를 적용해서 풀면 되겠구나' 하고 빠른 판단이 가능하지요. 반대로 정의를 외우지 않고 문제를 푸는 경우에는 일단 자신감이 없어요. '일차방정식에 대해 공부를 하긴 했는데…' 하면서 식을 ax=b가 아닌 3x=6, x=2라고 씁니다.

물론 정의를 외우지 않고 문제를 푼다고 해서 무조건 답이 틀리는 것은 아닙니다. 하지만 일반적인 모든 일차방정식을 풀 수 있는 식으로 나타내지 않았기 때문에 이런 경우 비슷한 유형의 일차방정식 문제들을 제대로 풀지 못할 확률이 높습니다.

'ax=b'라고 정의를 정확히 알고 있는 경우엔 미지수 x의 계수인 a를 근이 1개인 경우와 무수히 많은 경우, 근이 없는 경우로 나누어서 풀 줄 알지요. x는 미지수 변수이고 a, b는 어떤 숫자를 나타내는 값으로 이해합니다. 정의에 그렇게 되어 있으니까요.

하지만 정의를 정확히 모르는 경우엔 'ax=b'라는 식을 자신 있게 내놓을 수 없어서 일차방정식의 일반적인 문제가 나오면 x의 계수인 a를 근이 1개인 경우와 무수히 많은 경우, 근이 없는 경우로 나누어서 풀어야 하는지에 대한 확신이 없습니다. 정의가 매우 중요한 이유입니다.

개념을 정확히 이해하고, 정의를 제대로 알아야 합니다. 문자에도 친숙해지도록 만들어야 해요. 수학 문제를 풀 때 대부분의 학생들이 숫자는 자연스럽게 받아들이는 반면 문자는 불편해합니다. 문자 안에 숨어 있는 것을 궁금해하지만 한편으로 두려워하는 것이지요. 문자는 '변수'와 '상수'로 구분됩니다. 변수는 구하고자 하는 값이고, 상수는 그냥 숫자입니다. 이를 구분해주면 되는 것이지요. 정의에는 이러한 문자로 나타내는 것들이 상당히 많아요.

원의 방정식에 대한 정의는 "한 정점에서부터 같은 거리에 있는 점들의 모임"입니다. 이 원의 방정식 꼴을 '자취의 방정식' 개념으로도 만들 수 있어요. 이렇게 공부하면 수학에 대한 확신과 자신감이 생기고 문제를 풀 때 주저하지 않게 됩니다.

이번에는 성질에 대해 알아봅시다. 성질은 정의에 따라 나오는 규칙을 뜻합니다. 성질을 공식과 혼동할 수 있는데, 공식은 증명을 해야 하지만 성질은 그렇지 않아요. 그럼 '역함수'를 예로 들어 정의와 성질을 한번 살펴볼까요?

역함수의 정의는 '$f: X \to Y,\ x \to y \Rightarrow f^{-1}: Y \to X,\ y \to x$'입니다. 성질은 ① $(f^{-1})^{-1}=f$ ② $f^{-1}(f(x))=x$ 곧, $f^{-1} \circ f=I$ 입니다. 성질은 정의로부터 자연스럽게 설명되는 내용으로 당연히 잘 정리해두어야 합니다. 문제풀이에 바로 쓰이는 내용이니까요. 이들은 증명이 안 되므로 그냥 설명하면 됩니다.

성질 또한 개념서에 자세히 설명되어 있어요. 정의에 비해 성질에 대한 설명은 길지요. 하지만 흐름을 따라 이해하면 됩니다. 설명하기도 쉽고 간단하지요. 그래도 철저히 암기해야 합니다. 그러는 동안 개념이 정확하게 이해되고 문제풀이에서도 실수가 없게 되니까요. 성질을 절대 무시해서는 안 되는 까닭은 성질은 그 자체가 아닌 그것의 활용으로 문제풀이에 쓰이지만 내신 시험의 난이도 있는 문제나 수능 시험 문제들은 이 성질들을 꼭 알아야만 제대로 풀 수 있는 경우가 많기 때문입니다.

'항등식'을 예로 들어 한 번 더 살펴봅시다. 항등식의 성질을 말하기 전에 항등식의 정의를 먼저 생각해야 합니다. 항등식의 정의는 "식에 포함된 문자에 어떤 값을 넣어도 항상 성립하는 등식"입니다. 항등식의 성질은 '$ax^2+bx+c=0$이 항등식이라면 $a=0$, $b=0$, $c=0$' 입니다. 결론을 역으로 추적하면 가정은 참이 되고, 가정에서 $x=0$, $x=1$, $x=2$를 대입하여 연립하면 결론인 $a=0$, $b=0$, $c=0$이 나오지요.

성질은 정의로부터 나오는 개념입니다. 정의에 따라 수학 문제를 푸는 것이 아니라 수학자들이 어떤 문제를 풀기 위해 필요에 의해 정의를 내려놓고 그것에 맞게 개념을 정리해놓은 것이 바로 성질입니다. 어떻게 보면 일반적으로 여러 성질들을 종합하여 하나의 정의를 내리는 익숙한 방식과는 반대인 셈이지요.

정의와 성질은 개념서에 색연필로 표시하면서 공부하는 것이 좋아요. 필기노트 같은 것은 따로 만들지 말고 그냥 개념서 하나만 가지고 다니면서 외우면 됩니다. 별도의 노트를 만들 시간에 개념 하나라도 더 정리하고 외우는 것이 좋습니다.

다음은 용어에 대해 알아봅시다. 용어는 독해 능력과 관련이 깊습니다. 의외로 문제를 이해하지 못해서 풀지 못하는 경우가 많아요. 문제가 길어지면 더욱더 못 풉니다. 수학을 숫자로만 하는 연산 과목이라고 생각하는데 절대 그렇지 않아요. 수학 문제를 정확히 이해하기 위해서는 평소에 수학용어를 잘 외워둬야 해요 모르는 뜻이 나오면 그냥 지나치지 말고 개념서에서 꼭 찾아봐야 합니다.

문제를 풀다가 학생들에게 용어의 정의를 물으면 잘 대답하지 못합니다. 가령, '가우스 기호 [x]'가 있다고 할 때 '[x]는 x를 넘지 않는 최대 정수'입니다. 여기서 '넘지 않는'이라는 부분이 중요합니다. 넘지 않는다는 것은 '같거나 작은 것'을 뜻합니다. 그렇다면 [2.3]=2이고 [5]=5일 때 [−1.2]는 무엇일까요? -1일까요, −2일까요? 정답은 -2입니다.

이번엔 직선(가)를 직선(나)에 대하여 대칭이동한 도형의 방정식을 구하는 문제가 있어요. 이 문제도 용어를 정확히 이해하지 못해서 못 푸는 경우가 많습니다. 직선(나)는 가만히 있고 직선(가)의 임의의 점을 잡아 직선(나)에 대하여 대칭이동한 직선인 자취의 방정식을 구하면 되는 문제입니다. 용어는 이처럼 중간 중간 개념적으로 나오기도 하고, 문제 자체에 나오기도 합니다.

개념 또한 문제에 새로운 용어나 헷갈리는 말이 나오면 무조건 형광펜으로 표시한 뒤 그것을 외워두세요. 계산은 항상 나중입니다. 문제를 풀 때는 먼저 어떻게 풀 것인지 설계부터 해야 해요. 수학을 못하는 학생은 문제를 쭉 읽어보고 일단 아는 것부터 막 풀기 시작하지요. 하지만 수학은 모든 것을 정확하게 파악하고 난 뒤 풀이를 시작해야 정답에 이를 수 있습니다.

마지막으로 공식에 대해 알아봅시다. 공식은 말 그대로 '수학의 꽃'입니다. 모두 증명할 수 있어야 하지요. 100문제를 푸는 것보다 공식 한 개를 증명할 수 있는 게 더 나아요. 개인적으로 내신 시험에서 서술형으로 공식을 증명하는 문제가 더 많이 출제되었으면 합니다. 공식을 증명하는 것에 익숙해진 학생들은 수능 시험에서도 좋은 성적을 얻을 것이라고 확신합니다. 공식을 증명하면 그 공식은 자동으로 외워집니다. 조건도 외워지고요. 증명할 때 그 조건들을 다 사용하기 때문에 당연히 그렇습니다. 개념서에서 외운 공식들은 좋아하는 색깔 펜으로 잘 표시해두세요.

정의, 성질, 용어, 공식의 중요성

정의, 성질, 용어, 공식이 무엇인지 의미를 정확히 파악하고 구분해야 하는 이유는 수학에 있어 무엇을 그냥 받아들이고, 무엇을 증명해야 하는지, 또 그것들을 문제풀이에 어떻게 활용해야 하는지를 알기 위해서입니다. 그래야 문제풀이가 정확해지니까요. 개념을 처음 배울 때부터 이러한 습관을 들이는 것은 매우 중요합니다. 개념서에 색깔별로 구분해놓고, 문제를 풀면서 다시 한 번 개념을 정리할 때 살펴보면 더욱 확실하게 기억할 수 있지요. 단원별로 정의, 성질, 용어, 공식을 구분하고 공식을 스스로 증명할 수 있다면 수능 시험에서 적어도 문과 1등급, 이과 2등급은 받을 수 있을 거예요!

03 공식 암기보다 중요한 증명하기

수학은 문제를 푸는 과목이기 전에 증명하는 과목입니다. 그래서 학생들이 수학을 어려워하는지도 모르겠습니다. 그렇다면 무엇을 증명해야 할까요? 개념서에 있는 공식만 증명하면 됩니다. 이미 개념서를 공부하면서 색깔 펜으로 공식을 표시해놓았을 거예요. 공식을 유도하는 과정 역시 개념서에 자세히 나와 있습니다. 공식을 외우기도 벅찬데 왜 공식을 꼭 증명해야 할까요? 문제풀이에 다 필요하기 때문입니다.

고등학교에서 처음으로 배우는 수학은 고등수학(상)입니다. 고등수학(상)의 시작 단원은 '다항식의 인수분해'인데 중3상 과정을 심화까지 공부했다면 여기까지 무난하게 따라올 수 있을 것입니다. 나머지정리 단원들부터 많이 어려워하지요. 그러나 전혀 어려워하지 않아도 됩니다. '나머지정리' 공식만 정확히 알면 되니까요. 공식을 정확히 알기 위해 필요한 것이 바로 '증명'입니다.

나머지정리 공식은 "다항식 $f(x)$를 일차식 $ax+b$(단, $a\neq0$)로 나눈 나머지가 $f(-\frac{b}{a})$이다"를 증명하면 됩니다. 어렵지 않아요.

나머지정리 공식을 증명하면 두 가지 효과를 얻을 수 있어요. 첫째, 공식을 잊어버렸을 경우 직접 공식을 유도하며 문제를 풀 수 있어요. 둘째, 조건을 완벽하게 외우게 됩니다. 나머지정리 단원을 어려워하는 이유는 여러 유형의 문제를 어떻게 풀어야 할지 잘 모르기 때문입니다. 나머지정리 공식을 완벽하게 이해한 학생은 '다항식을 일차식으로 나눈 조건'에서만 공식을 적용해야 한다는 것을 알고 있지요.

다들 어려워하는 도형 단원에서는 '원의 접선의 방정식'이란 공식이 나옵니다. 원 $x^2+y^2=r^2$에 접하고 기울기가 m인 접선의 방정식은 $y=mx\pm r\sqrt{m^2+1}$이지요. 기울기가 m이라는 조건이 주어졌기 때문에 구하는 직선을 $y=mx+b$라 놓고 b를 구하면 됩니다. 이 공식의 유도 과정에서 쓰이는 것은 원과 접선이 주어지면 항상 생각해야 하는 "원의 중심과 접점과의 거리는 원의 반지름이다"라는 개념입니다. 이것을 사용하면 구하고자 하는 b가 나오지요.

이렇듯 공식을 증명하는 과정에서 개념이 더욱 강화됩니다. 공식을 까먹으면 공식을 유도하는 방법으로 풀면 되는 것이지요. 물론 이렇게 하면 문제풀이 시간이 길어지므로 바람직하지는 않아요. 공식을 증명한 후에는 확실하게 공식을 외워두어야 시간이 단축됩니다. 시험은 시간과의 싸움이기도 하니까요. 대부분의 공식은 문자로 표시되어 있어 문자가 어떤 숫자를 나타내는지도 함께 외워야 합니다. 무작정 문자로 외우면 막상 문제에 적용할 때 힘들 수도 있어요.

예를 들어 '점(x_1, y_1)과 직선 $ax+by+c=0$과의 거리 공식인 $d=\sqrt{\frac{ax_1+by_1+c}{a^2+b^2}}$에서 a는 x의 계수, b는 y의 계수' 이런 식으로 문자의 위치를 생각하면 좀 더 쉽게 공식을 기억할 수 있습니다.

공식을 제대로 공부하는 방법

공식의 유도 과정을 알아야 한다는 것은 학생도 알고 선생님도 알지요. 하지만 행동으로 옮기기는 쉽지 않습니다. 학생은 당장 문제를 풀 때 공식만 적용해도 되기 때문에 어렵고 귀찮은 일을 꼭 해야 할까 생각하는 경우가 많아요. 해야 할 숙제도 많은데 증명까지 하기엔 시간이 부족하고 대강 넘어가고 싶은 마음이 들지요. 선생님 역시 공식의 유도 과정을 일일이 설명하면 학생들을 집중시키기 힘들고, 시간상 오늘 나가야 할 진도를 맞추지 못할까봐 갈등하곤 합니다. 중요하다는 것은 알지만 실천이 되지 않는 이유입니다. 당장 눈에 보이는 효과가 없어서 그렇습니다. 학교 시험이나 수능 시험에 공식을 증명하는 문제는 거의 나오지 않으니까요.

선생님이라면 절대 해서는 안 되는 수업이 있어요. 일명 '공식 암기법'이라는 온갖 공식만 대입해서 풀도록 하는 수업입니다. 지금 혹시 이런 학습법으로 공부하고 있다면 하루빨리 중단해야 합니다. 참고서도 마찬가지예요. 공식만 나열되어 있는 교재는 피해야 합니다. 특히 개념서는 잘 선택해야 해요. 공식을 유도하는 과정이 자세히 나와 있어야 합니다. 지금 당장 가지고 있는 개념서를 확인해보세요. 만약 제대로 된 개념서를 갖추고 있지 않다면 새로 구비하여 지금부터 시작해도 늦지 않아요.

강의를 잘하는 선생님과 못하는 선생님은 수업 방식을 보면 확실히 차이가 납니다. 강의를 못하는 선생님은 수업 시간에 줄곧 문제만 풀어줍니다. 어떤 문제든 본인이 친절하고 세세하게 풀이해주지요. 하지만 강의를 잘하는 선생님은 그렇지 않아요. 개념과 공식을 정확하게 짚어주는 것에 집중할 뿐 문제를 많이 풀어주지 않습니다. 공식을 어떻게 유도하는지 보여주면서 문제풀이 시간에 반복해서 개념을 설명해주지요. 학생의 머리에 개념과 공식이 확실히 자리 잡도록 말이지요.

이러한 강의를 들은 학생은 배운 내용을 복습하거나 숙제를 할 때 개념과 공식이 잘 떠오를 것입니다. 다시 한 번 개념을 새기고 공식을 유도하면서 문제를 풀게 되지요. 본인 스스로 문제를 해결하는 힘이 생길 수밖에 없습니다. 문제가 잘 안 풀리면 개념을 다시 익히고 공식도 재차 확인하면서 개념과 공식을 정확하게 외우려고 할 것입니다. 하지만 공식의 유도 과정을 생략하고 문제만 줄곧 풀어주는 강의를 들은 학생은 혼자 문제를 풀 때 문제에 적용되는 개념과 공식을 잘 떠올리지 못합니다. 문제를 풀고 풀어도 실력이 쌓이지 않지요.

다시 한 번 말하지만 공식은 수학의 꽃입니다. 귀하게 다루어야 하지요. 수학 문제를 풀 때 나를 살려주는 것이 바로 '공식'이라고 생각해야 해요. 이 공식 안에 숨어 있는 많은 개념들을 알고 싶어 해야 합니다. '수학을 잘하고 싶다' '지금의 등급을 넘어서고 싶다'면 시간이 좀 걸리더라도 공식을 증명해보는 것이 꽃길이자 지름길입니다. 모든 문제풀이의 힘과 원동력은 공식을 유도하는 과정에서 나오는 개념들과 바로 그 공식 자체라는 사실을 잊지 마세요. 이렇게 완벽히 무장하면 어떤 문제든 쉽게 풀 수 있어요. 지금 당장 공부법을 바꿔보세요!

04 개념서 활용의 올바른 예

수학에서 개념을 처음 공부하면서 수학책 한 권을 끝내는 일이 가장 오래 걸립니다. 새롭게 배워야 할 내용이 많고 제대로 배워야 하기 때문입니다. 이때 개념서는 헷갈리는 개념과 공식들을 정리하는 데 있어 매우 유용합니다.《수학의 정석》은 수학을 공부하는 학생이라면 대부분 가지고 있는 대표 개념서입니다. 이 책을 예시로 개념서를 어떻게 활용하고 외워야 하는지 살펴봅시다.

《수학의 정석》 같은 개념서는 수학책이라고 생각하지 말고 국어책이라고 생각해야 합니다. 일반 참고서처럼 문제를 푸는 것이 목적이 아니라 개념과 공식, 풀이 방법을 읽고 이해한 후에 그것을 암기해야 하는 책이에요. 따라서 본문에 나오는 문제들은 풀이의 예시를 살펴보고 그대로 따라서 풀어봐야 합니다. 해당 단원의 개념과 공식을 가장 잘 활용한 모범 답안이므로 다른 방법으로 풀면 안 되지요. 다른 방법으로 풀면 지금 배우고 있는 개념과 공식이 명확하게 정리되지 않습니다.

정석의 풀이 위에는 빨간색으로 이 문제에 해당하는 개념과 공식이 잘 정리되어 있어요. 이 개념과 공식을 익히고, 풀이를 살펴본 뒤 스스로 문제를 풀어보면서 다시 한 번 개념과 공식을 머릿속에 정리해야 합니다.

《수학의 정석》에 나오는 문제들은 실력을 테스트하기 위한 문제가 아니라 정확한 풀이 방법을 알려주고 그것을 통째로 외우며 익히게 하는 것에 출제 의도가 있습니다.

물론 이때 '외운다'는 의미를 잘 파악해야 해요. 문제의 조건과 개념, 공식의 연결 내용을 외운다는 뜻이지 풀이 방법 자체를 외운다는 것이 절대 아닙니다. 고등학생이면 수학 문제를 연산 때문에 틀리지는 않습니다. 문제 자체를 풀 줄 몰라서 틀리는 것입니다. 개념서 한 권을 다 끝내고 무작위로 어느 쪽 페이지를 펼쳤을 때 그 문제에 해당하는 개념과 공식, 풀이 방법이 바로 술술 나올 정도로 외워야 합니다.

수학 문제는 많이 변형될 수가 없어요. 그 문제가 그 문제입니다. 다만 고등학교 내신 시험 문제 중에 학교별로 한 문제 정도는 학원에서도 출처를 잘 파악하기 힘든 경우가 있고, 수능 시험 문제 중에서도 '킬러 문제'는 정확하게 예측하기 어렵습니다. 그러나 이 문제들을 제외하면 어느 정도 예측이 다 가능합니다. 따라서 문제집을 많이 풀 필요가 없어요. 기본이 되는 문제들만 확실하게 알아두면 됩니다. 많은 양의 문제집을 반복적으로 푸는 것은 시간 낭비이고 그렇게 공부하면 수학 실력은 정체될 수밖에 없습니다.

그렇다면《수학의 정석》에서 기본 문제는 어떤 문제들일까요? 일반 문제집에서 볼 수 있는 유형별로 정리된 문제들이 아닙니다. 해당 단원의 모든 개념과 공식을 적용해야 하는 문제들로 구성되어 있어요. 풀이가 여러 개 있으면 모든 풀이를 다 외워두세요. 풀이 과정에서 이해가 되지 않는 부분이 있으면 개념이 확실하지 않은 것입니다. 이때는 계속 풀이를 보고 이해하려고 하지 말고 다시 개념 설명, 공식 증명으로 되돌아가야 합니다. 풀이 속에 답이 있지 않아요. 개념과 공식 안에 답이 있습니다.

학생이 공부하는 책만 봐도 공부를 잘하는지 못하는지 단번에 파악할 수 있습니다. 공부를 잘하는 학생은 수학책에 메모가 많고 책이 많이 낡아 있지요. 하지만 공부를 못하는 학생은 책이 대체로 깨끗합니다. 반복해서 보지 않았다는 뜻이지요. 수학책도 반복해서 봐야 해요. 국어책 읽듯이, 소설책 읽듯이, 만화책 읽듯이 봐야 합니다. 만화책만큼 재미있지는 않겠지만 내용을 알면 수학책도 재미있어요. 잘 모르거나 헷갈리면 당연히 재미가 없고 그래서 잘 안 보게 되는 것입니다.

수학책이 어떻게 재미있을 수 있을까요? 믿기 어렵겠지만 알면 재미가 생깁니다. 수학에서 안다는 것은 개념과 공식, 풀이가 하나로 연결된다는 뜻입니다.《수학의 정석》에 나오는 기본 문제들이 바로 그러한 연습을 위한 문제들이지요.

개념과 공식이 간단히 기재되어 있고, 문제는 이 개념과 공식을 이용해야 풀 수 있는 것들입니다. 따라서 통째로 머릿속에 암기해야 합니다. 한 줄 한 줄 정독하면서요. 빨리 읽으면 안 됩니다. 놓치는 부분이 생길 수 있어요.

한 권만 파고들어도 된다

수학 공부에 흥미가 없거나 지금껏 수학을 못했던 학생들은 이제부터라도《수학의 정석》한 권만 파고들어도 됩니다. 수학은 개념이 모두 연결되어 있기 때문에 앞에서 어느 부분에 구멍이 나면 뒷부분을 아무리 잘해두어도 앞에서 생긴 구멍 때문에 더 큰 웅덩이가 생깁니다. 그 웅덩이는 잘해놓은 뒷부분으로 절대 메울 수 없어요. 다시 앞 단계로 와서 그 구멍부터 메워야 하지요. 이미 지나온 과정에서 충분히 다져놓지 못한 개념과 공식을 다시 공부해야 한다는 뜻입니다.

아쉽지만 처음 공부할 때 완벽하게 잘해놓을 수는 없어요. 이렇게 메우고 또 메워가면서 빈틈이 생기지 않도록 하면 됩니다.

이제 기본 문제 밑에 있는 유제 문제를 살펴봅시다. 유제 문제들은 풀이가 함께 나와 있지 않고 뒷면 해설지에 풀이가 있어요. 이 유제 문제들을 풀 때는 절대 해설지를 보면 안 됩니다. 풀고 나서 답을 맞춰본 뒤 답이 맞든 틀리든 앞서 나온 기본 문제의 풀이를 다시 살펴봐야 하지요. 같은 개념과 공식을 활용하는 문제이기 때문에 풀이 방법도 똑같아요. 즉 기본 문제에서 활용된 개념과 공식을 생각하면서 풀었는지 확인해야 합니다. 유제 문제 역시 개념을 공부하는 단계이기 때문입니다. 이렇게 반복 학습을 하면 개념과 공식이 안 외워질 수가 없어요. 수학에서 가장 좋은 암기 방법은 반복 학습에 의한 암기입니다.

이렇게 한 가지 개념에 관한 문제들을 반복 학습하면 효과가 매우 좋아요. 개념을 외우고 공식을 증명하는 것이 끝났다면 기본 문제 풀이를 최소한 다섯 번 읽고, 세 번 정도 써보고, 이해가 안 되는 부분은 다시 개념을 익히세요. 그다음 똑같은 유형의 유제 문제들을 풀어보며 이 과정을 반복하면서 외웁니다.

만약 그래도 유제 문제들을 풀지 못한다면 잘못 외운 것입니다. 다시 기본 문제로 돌아가 빨간 색의 개념과 공식은 물론 풀이를 정확히 외워야 합니다.

학원에서 시험을 치를 때는 해당 교재에서 같은 문제를 출제하고 누적 범위로 정합니다. 《수학의 정석》이 교재인 반은 풀이가 정석과 똑같아야 정답입니다. 만약 정석의 풀이와 다른 풀이를 적으면 틀린 것으로 간주하고, 선생님도 정석의 풀이 방법대로 다시 가르쳐 줍니다. 풀이를 생략하거나 치환된 문자의 범위를 적지 않고 등호를 쓰지 않아도 다 틀리게 채점합니다. 《수학의 정석》을 교재로 쓰는 반은 개념반입니다. 처음 개념을 배울 때 이 과정을 잘 따라오는 학생들은 개념이 탄탄해집니다.

《수학의 정석》에 나오는 기본 문제의 풀이를 똑같이 쓰도록 연습하세요. 다른 방법으로 풀면 안 됩니다. 답이 맞더라도 다른 방식의 풀이는 해당 개념을 익히는 방법이 아니니까요. 정석 풀이를 한두 번 봐서는 절대 똑같이 쓰지 못합니다. 많이 읽어보고 똑같이 쓰는 연습을 반복적으로 해야 익힐 수 있지요. 이보다 더 효과적인 개념 학습은 없어요.

문제풀이 도중 개념이 흐릿해졌을 때, 개념을 익힌 뒤 풀어본 문제가 틀렸을 때 개념서의 풀이들을 다시 살펴보세요. 개념은 따로 다니지 않고 항상 문제와 함께 다닙니다. 서로 사이좋은 친구처럼요. 문제풀이를 통해 개념 학습과 공식 암기를 확실하게 하는 것입니다. 지금까지 개념 따로 문제 따로 공부해왔다면 이 방법을 실천해보세요. 해당 개념이 어떤 문제에 쓰이는지 잘 모를 때, 어떤 문제에 어느 개념을 활용해야 할지 잘 모를 때도 마찬가지입니다. 이렇게 개념과 문제를 함께 공부하면 개념 탄탄, 문제풀이 술술! 두 마리 토끼를 쉽게 잡을 수 있어요.

05 개념서의 목차를 반드시 외우자

개념 학습을 할 때는 개념서의 목차를 모두 외워야 합니다. 한 과정을 마친 뒤 간단한 쪽지 시험으로 목차를 외웠는지 평가해보는 것이 좋아요. 그만큼 중요합니다. 목차를 외워야 개념과 공식을 머릿속에 보다 명확하게 정리할 수 있습니다. 왜 목차를 외워야 하는지 좀 더 상세히 살펴볼까요?

수학 과목은 의외로 외워야 할 것들이 상당히 많아요. 학원에서 학생들이 입학테스트를 치르면 다양한 상황이 펼쳐집니다. 그중 다수의 경우 결과지를 공유하면 몇 분간 침묵이 흐르고 부모님들의 목소리가 가라앉곤 합니다.

"아니, 다른 학원에서 해당 과정을 몇 번이나 들었는데 제대로 푸는 문제가 몇 문제 안 된다고요? 어떻게 이럴 수가 있습니까?"

이전 과정에 대한 시험을 치렀을 때 적어도 70퍼센트 이상의 성취도가 나오려면 어떻게 해야 할까요? 소단원에 대한 시험은 잘 보는데 범위가 넓은 시험은 어떻게 대비하면 좋을까요? 전 과정을 한눈에 파악하는 방법은 무엇일까요? 수학 문제는 더 많은 개념을 배울수록 더 쉽고 간단한 방법으로 풀 수 있는데, 이러한 전체적인 안목을 어떻게 하면 키울 수 있나요? 이 모든 질문에 대한 답은 바로 '개념서의 목차를 외우는 것'입니다.

개념서의 목차를 외우면 어떤 과정으로 개념이 점점 확장되어 가는지 깨닫게 됩니다. 그다음 개념서의 본문 문제들을 개념과 연결하여 여러 번 풀어보면 개념들을 외우고 익힐 수 있지요. 개념서의 문제들은 유형별 문제가 아닌 개념과 공식을 연결하는 연습을 하기 위한 문제들입니다. 이 문제들은 무조건 외우는 방식으로는 모두 외울 수 없어요. 반복해서 익히는 수밖에 없지요.

목차를 외우면 단원의 내용이 딸려 나옵니다. 개념에 관한 문제는 개념서에 나오는 문제들을 크게 벗어나지 않습니다. 개념 학습을 할 때는 개념서의 목차를 외우고, 문제풀이를 할 때는 문제에 해당하는 목차를 떠올려 봅시다. 목차를 외우는 것과 문제풀이를 따로따로 생각해서는 안 됩니다. 평소 문제를 풀 때 해당 단원을 생각하면서 풀어야 하지요. 어차피 개념 학습을 할 때는 한 단원의 문제를 계속 풀게 되어 있어요. 이때 목차를 외우면서 풀면 됩니다.

한 단원 안에서는 거의 같은 개념과 공식을 활용해서 문제를 풀게 되어 있지만 여러 단원이 합해지면 손을 못 대는 경우가 많습니다. 수학 시험은 응용력 테스트가 아니에요. 그저 개념과 공식들을 바로 생각해내지 못했을 뿐입니다. 시험은 제한된 시간 안에 풀어야 하는데 시간은 가고, 생각은 안 나고, 이 공식 저 공식 대입하다가 못 풀게 되는 것입니다.

왜 답을 틀렸는지, 왜 잘 몰랐는지 판단할 때 오류를 범하는 경우가 많아요. 성실히 공부했는데 왜 막상 시험지를 받으면 못 풀까요? 집에 와서 풀어보면 다 풀리는데 왜 시험 볼 때만 잘 안 풀릴까요? 심리 상태가 안 좋은 걸까요? 이럴 때도 '개념서 목차 암기'가 비법이 될 수 있어요. 개념서의 목차를 외우고 있으면 심리적으로도 안정감을 주니까요. 머릿속에 목차 정리가 잘 안 되어 있으면 공부가 덜 된 것 같은 불안감에 아는 문제도 틀리기 쉬워요. 개념서의 목차와 본문 문제, 연습 문제를 모두 머릿속에 담아두세요. 심지어 그 문제가 책을 펼쳤을 때 '왼쪽 페이지의 중간 아랫부분'에 있다는 정도까지 생각해낼 수 있어야 합니다. 그 정도로 반복해서 살펴봐야 하는 것이지요.

"$(2x+3y)(\frac{8}{x}+\frac{3}{y})$의 최솟값을 구하라"라는 문제를 푼다고 가정해봅시다. 고등수학 과정 전 범위에서 시험 문제가 주어진 상황입니다. 그렇다면 우선 어느 단원의 문제인가를 생각해야 합니다. 개념과 공식을 떠올리기 전에 이것이 먼저입니다. 최솟값을 구하는 문제입니다. 다항식이 아니기 때문에 함수 단원의 문제가 아니지요.

x와 $\frac{1}{x}$이 있으므로 전개해서 곱하면 변수 x가 없어집니다. '아, 이 문제는 명제의 증명 단원의 '산술평균과 기하평균의 관계식'을 활용하면 되겠구나' 또는 '《수학의 정석》 23장 문제구나'라고 떠올릴 수 있어야 합니다. 이것이 중요해요. 그다음 '공식이 뭐였더라' 하며 해당 공식을 한번 써보는 거예요. 적용해야 할 공식은 $\frac{a+b}{2} \geq \sqrt{ab}$ 입니다. 한 문제를 자신 있게 풀면 다른 문제에도 자신이 생기지요.

목차로 확인하고 점검하자

목차를 외우고 있으면 이렇게 꺼내 쓰기 좋아요. "수학을 외우지 말고 이해하는 능력으로 풀어라"라는 말이 가장 문제라고 생각해요. 도대체 이해하는 능력을 어떻게 어디까지 키워야 하는 건지 궁금합니다. "수학은 외우지 말고 본인 힘으로 오랫동안 생각하면서 풀어야 한다"라는 말도 비현실적입니다. 어떠한 기본 소스도 안 갖춰져 있는데 어떻게 혼자 힘으로 풀 수 있을까요? 절대 못 풉니다.

중고등학교 수학은 학문으로서의 수학과 달라요. 목표가 뚜렷합니다. 좋은 대학에 가기 위해 배우고 익히는 것이지 학문을 하는 것이 아닙니다. 그렇기 때문에 중고등수학은 외워서 노력으로 충분히 잘할 수 있어요. 개념이라는 힘을 갖추고 나서 그것을 다양하게 응용해보는 연습을 하면 됩니다. 양궁장에서 과녁을 맞히려면 일단 활이 있어야 하고, 피겨 스케이팅 선수한테는 성능 좋은 스케이트가 있어야 하는 것처럼 수학 문제를 풀기 위해서는 '기본 개념'이라는 힘을 갖춰야 해요.

본인이 가지고 있는 개념서 한 권의 목차를 외워봅시다. 단, 한 과정을 다 공부하고 나서 외워야 합니다. 외워놓고 공부하지 말고요. 아마 한 단원 한 단원 충실히 공부했다면 어렵지 않게 외워질 것입니다. 만약 자연스럽게 외워지지 않고 막히는 단원이 있다면 해당 단원의 공부를 다시 반복하는 것이 좋습니다. 그 단원의 공부가 잘 되어 있지 않기 때문에 잘 외워지지 않는 것입니다. 한 과정이 끝나고 목차를 소리 내어 틀리지 않고 다 말할 수 있다면 얼마나 성취감이 클까요? 수학 공부는 이렇게 하는 것입니다.

수학은 암기다 | 핵심 요약 노트

- **수학은 외워야 문제가 풀리는 암기 과목이다.** 정의, 용어, 공식 그리고 문제 풀이의 모개념을 외워야 한다. 정의와 용어는 일종의 약속이므로 무조건 외우고, 공식은 외우기 전에 정리하고 증명할 줄 알아야 한다. 모개념은 문제를 풀고 해설지를 통해 이해한 뒤 문제 유형별로 외우는 것이 좋다.

- **단원마다 정의, 성질, 용어, 공식을 암기해야 한다.** 어떤 문제를 풀기 위해 미리 약속해놓은 내용이 정의이며, 성질은 정의에 따라 나오는 규칙을 뜻한다. 용어는 개념서를 통해 그 의미를 확실하게 정리해두어야 한다. '수학의 꽃'인 공식은 모두 증명할 수 있어야 하며 100문제를 푸는 것보다 공식 하나를 스스로 증명할 수 있는 게 더 낫다.

- **수학은 문제를 푸는 과목이기 전에 증명하는 과목이다.** 개념서에 있는 공식을 증명하고 설명할 수 있다면 수학을 제대로 공부하고 있는 것이다. 공식을 유도하는 과정은 문제풀이에 어떻게든 활용되기 때문에 꼭 알아두어야 한다. 관련 개념을 복습하고 공식을 증명하는 동안 문제를 스스로 푸는 힘이 길러진다.

- **《수학의 정석》 같은 개념서의 풀이는 반드시 외우자.** 여기서 '외운다'는 건 풀이 자체가 아닌 문제의 조건과 개념, 공식의 연결 내용을 외운다는 뜻이다. 풀이 과정에서 이해가 안 가는 부분이 있다면 개념이 확실하지 않은 것이므로 이때는 계속 풀이를 보고 이해하려고 하지 말고 다시 개념 설명과 공식 증명으로 되돌아가야 한다. 풀이 안에 답이 있는 것이 아니라 개념과 공식 안

에 답이 있다. 개념서를 많이 읽어보고 풀이를 똑같이 따라 쓰는 연습을 하면 개념이 반복적으로 공부되어 매우 효과적이다.

- **개념서의 목차를 반드시 외우자.** 단원의 내용과 흐름을 자연스레 파악할 수 있게 되고, 심리적인 안정감을 안겨 준다. 또한 개념서의 목차와 더불어 본문 문제와 연습 문제를 모두 머릿속에 담아두면 실전에서 문제를 풀 때 바로 꺼내 쓰기 좋다. 개념서의 문제들은 유형별 문제가 아닌 개념과 공식을 연결하는 연습을 하기 위한 문제들이다. 평소 문제를 풀 때 이 문제에 해당하는 단원이 무엇인지 떠올리며 풀어야 한다.

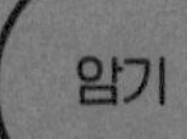

암기

↓

개념

↓

선행

↓

문제풀이

↓

시험

↓

오답 체크

2장

수학은 '개념'이다

개념 학습에 쏟은 시간만큼 문제풀이 시간은 줄어든다.
"알맞은 개념과 공식을 바로 꺼내 쓸 수 있도록
단원별로 확실하게!"

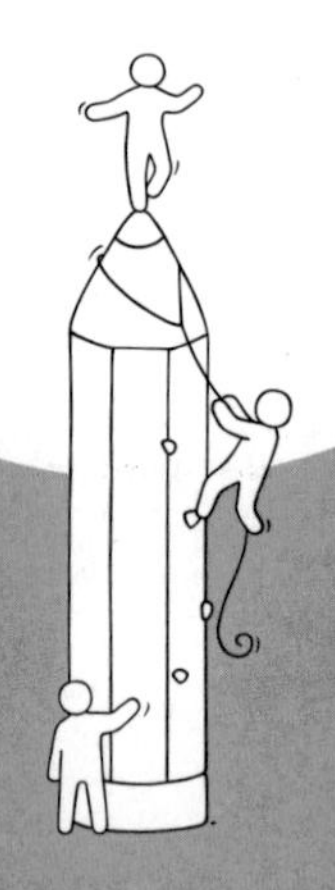

01 수학 문제는 외워둔 개념으로 푸는 것

수학은 다른 어떤 과목보다도 '개념'이 중요합니다. 그렇다면 대체 수학에서 개념이란 무엇일까요? 수학에서 개념이란 '정의와 공식'을 뜻합니다. 정의는 수학에서 '이렇게 하자'고 정한 '약속'이고 공식은 그 정의에서 유도된 '내용'입니다. 수학은 이 개념에 따라 수식으로 문제를 풀어내는 학문입니다. 단원에서 나오는 수학적 개념이 무엇인지 모르는 상태에서 문제를 풀면 실력이 쌓이지 않아요. 개념이 무엇인지 정확히 알고 그것을 외워두어야 합니다. 외워두지 않으면 수학 문제를 풀 때 그 개념들이 머릿속에서 쉽게 나오지 않아 문제풀이가 힘들 수밖에 없어요.

개념 학습을 통해 수학적 사고와 이해력을 더 강화할 수 있습니다. 수학 문제를 빨리 풀려고 하기 전에 개념을 먼저 정리하면서 외워야 합니다. 많은 사람들이 수학은 사고력으로 풀어야 한다고 하지만 기반이 있어야 사고할 수 있고 문제를 풀 수 있어요. 개념 학습은 그 기반을 만드는 작업입니다.

《수학의 정석》을 예로 들면 [2-1]과 같이 모든 개념과 공식은 빨간 박스 안에 있어요. 이 빨간 박스 안에 있는 내용이 이해되지 않은 상태에서 문제를 풀면 절대 안 됩니다. 이 개념들을 다 이해하고 난 뒤 문제를 풀어보면서 '이 문제는 이러한 개념을 사용했구나'라고 생각할 수 있어야 해요. 그렇지 않으면 개념과 문제가 따로 놀게 되지요. 개념과 문제는 사이좋은 친구처럼 언제나 함께해야 한다고 했지요? 수학에서는 개념만 있을 수 없고, 개념이 없는 문제 또한 있을 수 없어요.

"우리 아이가 수학을 계속 공부해오긴 했는데 개념이 잘 안 잡혀 있는 것 같아요." 상담하다 보면 학부모들에게 가장 많이 듣는 이야기입니다. 중요하다는 것을 알면서도 가장 소홀히 하는 것이 바로 개념 학습입니다. 무조건 빨리, 무조건 많이 문제를 풀어서 답을 구하는 것에 길들여져 있는 것이지요. 많은 과제의 문제들을 다 풀려면 일단 빨리빨리 풀어야 한다는 마음이 앞서니까요. 이러한 학습을 계속하다 보니 개념이 중요하다는 것을 알면서도 개념 학습을 등한시하게 됩니다.

보통 한 과정을 끝내고 나면 심화 과정에 들어갑니다. 이 심화 과

기본정석 — **이차방정식의 근의 판별**

x에 관한 이차방정식 $ax^2+bx+c=0$(단, a, b, c는 실수)에서

$$\mathbf{D}=\boldsymbol{b}^2-4\boldsymbol{ac}$$

로 놓으면 다음이 성립한다.

$\mathrm{D}>0 \iff$ 서로 다른 두 실근 ⎫
$\mathrm{D}=0 \iff$ 서로 같은 두 실근(중근) ⎭ 실근
$\mathrm{D}<0 \iff$ 서로 다른 두 허근

이때, $\mathrm{D}=b^2-4ac$를 이차방정식 $ax^2+bx+c=0$의 **판별식**이라 한다.

기본정석 — **역함수의 정의**

함수 f : X $\longrightarrow$ Y가 **일대일대응이면 집합** Y의 각 원소 y에 대하여 $f(x)=y$인 **집합** X의 원소 x는 단 하나 존재한다.

따라서 집합 Y의 각 원소 y에 대하여 $f(x)=y$인 집합 X의 원소 x를 대응시키는 관계는 Y에서 X로의 함수이다. 이러한 함수를 함수 f : X $\longrightarrow$ Y의 **역함수**라 하고, $\boldsymbol{f}^{-1}$: **Y** $\longrightarrow$ **X**로 나타낸다.

정의 $\boldsymbol{f}$: X $\longrightarrow$ Y, $\boldsymbol{x} \longrightarrow \boldsymbol{y}$에서 $\Longrightarrow$ $\boldsymbol{f}^{-1}$: Y $\longrightarrow$ X, $\boldsymbol{y} \longrightarrow \boldsymbol{x}$

$$\boldsymbol{y}=\boldsymbol{f}(\boldsymbol{x}) \iff \boldsymbol{x}=\boldsymbol{f}^{-1}(\boldsymbol{y})$$

[2-1]
《수학의 정석》에는 개념과 공식이 빨간 박스 안에 정리되어 있다.

정이 문제집의 심화 과정일 수도 있고, 학교 내신 공부의 심화 과정일 수도 있습니다. 또 수능 대비 문제풀이의 심화 과정일 수도 있어요. 심화 과정에 들어가면 여러 개념들이 혼합되어 문제의 난이도가 높아집니다. 심화 과정을 하다가 멈추게 되는 경우는 보통 이전 과정에서 개념 학습이 제대로 되어 있지 않았을 때입니다. 선생님은 학생의 성취도가 낮아 더 이상 심화 과정을 진행할 수 없고, 학생은 좌절감과 패배감으로 자신감을 잃고 결국 수포자가 되곤 하지요.

이런 안타까운 상황이 벌어지지 않으려면 개념을 확실히 익힌 뒤 외워두어야 합니다. 단원별로 나오는 모든 개념을 외워야 해요. 외워두지 않으면 산만해지고 집중력이 흐트러져 문제풀이를 할 때 개념이 정확하게 생각나지 않습니다. 다시 한 번 말하지만, 풀이 과정을 외우는 게 아니라 단원별로 정의와 공식을 외워야 한다는 뜻입니다. 수학은 외워둔 '개념'으로 문제를 푸는 과목입니다.

스스로 A4 용지에 '백지테스트'를 실시하여 해당 단원에서 배운 모든 개념을 차근차근 써봅시다. 문제풀이를 하기 전에 실시하는 개념 테스트인 셈이지요. 이 테스트를 통해 개념을 정리하고 공식 증명도 할 수 있습니다.

백지테스트를 통해 개념과 공식이 다 정리되고 나면 문제를 풀어봅시다. 외워둔 개념들을 어떻게 대입하여 문제를 풀 것인지 생각하면서 풀어야 합니다. 이때 바로 수학적 사고가 필요합니다. 수학적 사고라는 것은 외워둔 개념 중에 어떤 개념을 골라 풀어야 하는지에 대한 일종의 판단입니다. 따라서 수학적 사고가 부족하다는 것은 타고난 수학 머리 때문이 아니라 일차적으로 개념 정리가 되어 있지 않기 때문입니다. 이러한 상태로 문제를 푼다면 시간만 낭비하는 셈이지요.

판별식에 대한 개념을 정리해본 두 학생의 백지테스트를 서로 비교해봅시다. [2-2]를 살펴보면 위의 학생은 이차함수가 x축과 만나지 않을 경우 판별식(D)의 부호가 음수가 된다며 'D는 0보다 작다(D〈0)'라고 정확히 작성했네요. 아래의 학생은 개념은 대략 알고 있으나 해당 내용을 보다 구체적으로 정확히 적지 않았습니다. 이러한 경우 완벽하게 개념이 정리되었다고 볼 수 없어요.

수학이 독해 과목이기도 한 이유

수학은 암기 과목이자 개념과 정의의 배경을 알아야 하는 독해 과목이기도 합니다. 수학은 완벽한 이해를 요구하는 이해 과목이 아니에요. 매일 책상에 앉아서 수학을 공부하긴 하는데 문제가 잘 안 풀리고, 어렵고, 학교 시험 점수도 안 좋은 이유는 개념 정리가 안 되어 있기 때문입니다. 그런데도 문제풀이를 중단하고 개념 정리를 하

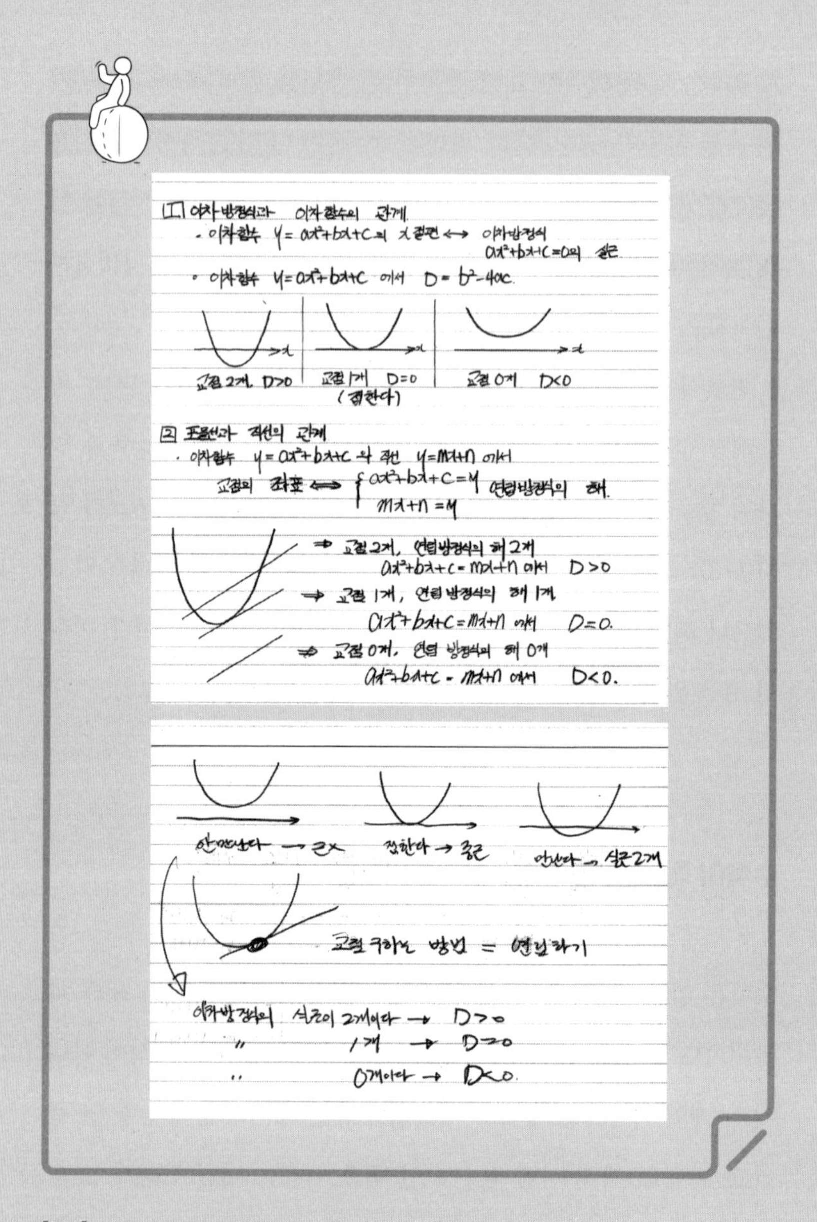

[2-2]

판별식에 대한 개념을 정리해본 두 학생의 백지테스트 비교.

는 경우가 많지 않아요. 이제부터라도 공부하는 방법을 완전히 바꾸어야 합니다. 더 늦기 전에 문제풀이가 잘 되지 않으면 다시 개념 학습으로 돌아가는 결단을 과감히 내려야 해요.

수학이 어렵고 수학을 못하는 이유는 다양합니다. 많은 학생들이 수학 공부를 제대로 된 방법으로 해보지도 않고 수학이 어렵다고 말합니다. 수학은 생각보다 쉬워요. 중고등수학은 어렵지 않습니다. 대학에서 배우는 전공 수학이나 학자들이 논하는 수준의 수학이 결코 아닙니다. 옷장에 옷이 섞여 있으면 쉽게 찾을 수 없고 시간도 오래 걸리지만 옷장에 옷을 색깔별로 혹은 종류별로 분류해놓으면 그때그때 필요에 맞게 찾아서 입기 편합니다. 여러 옷을 고르고 서로 맞춰 입을 수 있는 여유도 생기지요. 수학도 마찬가지예요. 머릿속에 개념과 공식이 체계적으로 자리 잡혀 있으면 문제에 따라 쉽게 꺼내 쓸 수 있습니다.

학생들을 가르치다 보면 지금 무슨 단원을 공부하는지, 단원명이 무엇인지도 모르고 공부하는 경우가 제법 많아요. '수학은 어렵다'에서 '수학은 할 만하다'로 바뀌려면 공부하는 방법부터 바꾸어야 합니다. 제대로 된 방법을 알고 요령을 익히면 어느 순간부터 수학이 쉬워질 거예요. 수학은 과정도 결과도 정직한 과목이니까요.

수학에서 개념은 자동차의 엔진과도 같아요. 개념이 중요하다는 사실은 모두 잘 알고 있지만 이 개념을 어떻게 다뤄야 할지는 잘 모릅니다. 바로 이렇게 시작하면 돼요. 단원별로 정의를 외우고, 공식을 증명하고, 이 정의와 공식을 모두 백지에 스스로 쓸 줄 알면 됩니다. 앞으로의 수학 공부는 문제풀이보다 개념을 정리하는 데 더 많은 시간을 쏟아야 합니다. 개념 학습에 시간을 할애하면 할수록 문제풀이 시간은 단축되지요. 또한 확실하게 문제가 잘 풀리고 오답도 줄어듭니다. 성취감이 높아져서 기분 좋게 수학을 공부하게 되는 비결이지요. 더 이상 수학을 어렵게 공부하지 마세요. 수학도 즐겁게 공부할 수 있습니다.

02 수학은 개념·공식·문제의 삼위일체

수학은 개념 학습과 공식의 암기, 문제풀이가 동시에 이어져야 합니다. 즉 순환되어야 하지요. 개념을 익히고, 공식을 증명하며 외운 뒤, 문제풀이를 하면서 다시 개념을 정리하고 공식을 외워나가야 합니다. 개념과 공식만 외우고 아무 생각 없이 문제풀이만 해서는 효과가 없어요. 이 세 가지를 연결해서 유기적으로 공부해나가야 합니다. 개념과 공식을 생각하면 이에 대한 문제가 생각나고, 문제를 풀면서는 적용해야 하는 개념과 공식이 계속 떠올라야 하는 것이지요.

수학을 못하는 데는 다 이유가 있어요. 여러 이유가 있겠지만 그 중 하나가 아무 생각 없이 수학을 공부하기 때문입니다. 개념서로 개념을 공부하고, 이에 대한 공식을 증명하며 외운 뒤 수학 문제를 풀 때가 매우 중요합니다. 스스로 정리한 개념과 공식 중에 어떤 것을 대입해서 풀어야 하는지를 꼭 생각하면서 풀어야 해요. 그래야 개념과 공식을 정확하게 대입하고 문제를 풀면서 다시 개념과 공식을 외우게 됩니다.

수학을 잘하면 수학 공부에 들이는 시간이 줄어듭니다. 수학을 못하면 수학 공부에 쏟는 시간이 상대적으로 늘어나고요. 정확히 말하면 시간이 늘어집니다. 반면 수학을 잘하는 학생은 수학 문제를 풀 때 집중해서 풀고 개념과 공식을 확인하면서 풉니다. 문제를 푼 후에는 해설지의 풀이와 본인의 풀이를 비교해서 분석하는 일도 빼놓지 않습니다. '이 문제의 조건에서는 이 개념과 공식을 대입해야 하는구나' 하며 개념, 공식, 문제를 함께 살펴보는 것입니다.

문제를 다 풀고 나서 채점을 한 뒤 정답이 맞으면 다음 문제로 넘어가는 학생들이 많지만 이런 식으로 공부하면 실력이 쌓이지 않아요. 문제를 풀고 나면 여유를 갖고 다음 두 가지를 반드시 실천해야 합니다.

첫째, 해설지의 풀이를 보고 나의 풀이 방법과 비교해보아야 합니다. 개념과 공식을 정확하게 사용했는지 살펴보는 것이지요. 둘째, 문제풀이에 쓰인 개념과 공식을 다시 외우고 문제 유형도 함께 외워야 합니다. 이렇게 공부하면 개념, 공식, 문제가 유기적으로 연결된 제대로 된 공부를 할 수 있어요.

수학책은 개념서와 문제집 이렇게 두 종류로 구분됩니다. 모든 개념서에는 개념과 공식에 대한 설명이 자세히 나와 있어요. 문제는 쉬운 문제부터 어려운 문제까지 난이도별로 구성되어 있지요. 문제집은 단원마다 간단한 개념 설명과 함께 유형 문제가 난이도별로 구성되어 있습니다. 이렇듯 모든 수학책에는 개념 설명과 공식, 문제가 함께 나와 있지요. 개념과 공식만 정리한 책도 없고, 문제만 있는 책도 없습니다. 수학책도 국어책처럼 모든 내용을 다 읽어야 합니다. 그러면서 책의 모든 구성에 딸린 내용, 개념과 공식, 문제풀이를 동시에 공부해야 합니다.

공식만 암기하면 당연히 안 됩니다. 문제의 조건이 조금만 바뀌어도 문제를 풀 수 없어요. 수학 문제는 겉으로 보기에는 비슷해 보여도 풀다 보면 다른 개념을 적용해서 풀어야 하는 경우가 많습니다. 공식 암기법으로만 공부하면 여러 유형의 문제를 풀지 못해요. 개념을 잘 파악하고 문제풀이를 통해 개념을 정확하게 반복적으로 익히면 공식 암기법으로 문제를 풀 필요가 없지요. 개념 학습과 문제풀이를 동시에 해야 하는 이유입니다.

판별식의 부호에 따라 실근의 개수를 파악하는 내용을 한번 살펴봅시다. "판별식의 값이 0보다 크면 근의 개수가 2개다"라는 공식이 있어요. 그냥 공식만 외워서 문제를 풀면 안 됩니다. 판별식은 어디에서 나왔을까요? 이차방정식의 '근의 공식'에서 나온 값입니다. $\sqrt{\ }$ 안의 값이 양수이면 $\sqrt{\ }$값이 실수가 되서 서로 다른 실근이 됩니다. 따라서 이 판별식은 이차방정식에서만 쓸 수 있지요. 이렇게 서로서로 연결되는 개념들을 문제에 적용해서 풀어야 어렵지 않고 실수도 줄어들며 더 정확하게 오래오래 외울 수 있어요.

특히 많은 학생들이 나머지정리 단원에서 공식 암기법으로만 문제를 풀려고 하는 경향이 있어요. 나머지정리 공식을 무조건 외우기만 하는 것입니다. 이러한 경우 다른 유형의 문제를 세 문제만 풀라고 해도 헷갈려서 잘 풀지 못해요. 이렇게 수학이 어려워지고 싫어지게 되는 것입니다. 수학 공부를 본인 딴에는 열심히 한다고 했는데 왜 이렇게 문제가 잘 안 풀리는지 모르겠다고 한탄합니다. 공부법이 잘못되었기 때문이라는 사실을 잘 모르는 것이지요. 나머지정리 공식을 언제 어떻게 사용해야 하는지 개념과 공식을 정확하게 외워야 합니다. 나머지공식은 다항식 $f(x)$를 일차식으로 나누었을 때만 쓸 수 있는 공식입니다. 다항식을 일차식이 아닌 이차식으로 나눈 경우에는 항등식이나 다른 개념을 적용해서 풀어야 하지요. 공식만 외우는 것이 아니라 이러한 내용들을 스스로 잘 정리할 수 있어야 해요.

개념서와 문제집 활용하기

개념서는 개념서대로 문제집은 문제집대로 잘 활용하는 방법을 알아봅시다. 개념서는 개념과 공식에 대한 설명이 잘 되어 있고, 이것을 적용해서 풀 수 있는 기본 문제가 나와 있으며, 같은 유형의 문제들이 같은 페이지에 한두 문제 정도 있습니다. 문제집은 개념 설명과 함께 한 가지 유형에 대한 문제들이 5~10문제 정도 나와 있지요. 참고서들의 이러한 구성을 잘 활용해야 합니다.

개념서는 대표 유형의 문제가 있고 해설이 바로 밑에 같이 있어요. 이 해설을 최소한 다섯 번 정도는 읽고 반복해서 써봐야 합니다. 수학은 연필로 직접 써봐야 하는 과목입니다. 머릿속으로만 생각하는 과목이 아닙니다. 풀이를 따라 써보면서 이 문제에 해당하는 개념과 공식을 반복해서 떠올려야 하지요. 개념과 공식을 이러한 유형 문제에 적용한다는 것까지 외워둬야 합니다. 그러고 나서 같은 페이지에 나와 있는 같은 유형의 문제를 풀어봐야 하지요. 이때 문제가 잘 안 풀리면 해설지를 보는 것이 아니라 앞서 살펴본 유형의 대표 문제를 다시 풀어보고 개념과 공식을 정리해야 합니다. 그 후에 잘 안 풀리던 문제를 다시 풀어봐야 하지요. 역시 잘 안 풀리면 이 과정을 반복해야 합니다. 이때도 물론 해설지를 보면 안 됩니다.

문제집은 보통 유형별로 문제가 분류되어 있어요. 개념과 공식을 정리한 후에 유형별로 정리된 문제를 풀어나가면 됩니다. 이때도 마찬가지로 문제 유형을 외우고 동시에 적용되는 개념과 공식을 같이 외웁니다. 같은 유형을 반복해서 풀기 때문에 개념과 공식을 완벽하게 외우기에 너무나 좋아요. 수학을 못하는 학생은 문제 풀기에 바빠서 문제를 대충 풀고 나서 틀리면 해설지를 보고 다시 풀어봅니다. 하지만 수학을 잘하는 학생은 문제를 풀기 전에 개념과 공식을 한 번 더 정리하고 문제가 잘 안 풀릴 경우 그 유형의 다른 문제를 풀어본 뒤에 잘 안 풀리던 문제를 다시 풀어봅니다.

공식만 암기하는 학습은 절대 안 됩니다. 수학을 잘하려면 개념, 공식, 문제 이 세 가지를 동시에 생각하면서 유기적으로 공부해야 합니다. 이렇게 하다 보면 개념과 공식에 대한 간단한 문제를 스스로 만들 수도 있어요. 문제풀이를 하다가 개념과 공식에 대한 확신이 없으면 다시 개념을 정리하고 공식을 증명해보면 됩니다. 공식을 증명을 하고 나서 문제를 풀어보면 믿음이 생겨서 문제도 더 잘 풀리고 실수도 줄어들게 되지요.

[개념 학습] → [공식 증명과 암기] → [문제풀이] 순으로 공부하고 나서, 다시 [문제풀이] → [개념 학습] → [공식 증명과 암기] → [문제풀이]로 되돌아오는 공부를 해야 합니다. 이렇게 반복하다 보면 어느새 수학 실력이 제법 향상되어 있을 거예요.

03 빠르고 확실하게 배우는 '뼈대 학습법'

풀이를 보면 이해가 되는데 막상 문제를 풀려고 하면 못 푸는 학생들이 많습니다. 이런 학생들을 위해 '뼈대 학습법'을 개발했습니다. 뼈대 학습법은 수학을 더욱 쉽게 공부하는 방법입니다. 수학을 어디서부터 공부해야 할지 잘 모르겠고 어렵게 느껴질 때 뼈대 학습법을 잘 이해하고 실천하면 상당한 효과가 있을 거예요. 단원의 개념과 공식을 배운 다음 참고서의 모든 문제 다 풀려고 하지 마세요. 뼈대에 해당하는 것만 짚고 넘어가면 됩니다. 어차피 수학은 뼈대에서 파생되어 문제가 만들어지니까요.

그렇다면 수학에서 뼈대란 무엇일까요? 바로 [개념과 공식] + [관련된 필수 문제]입니다. 즉 개념과 공식을 공부하고 관련된 필수 문제만 풀어서 정리하는 것이 뼈대 학습법이에요. 실제로 뼈대 학습법으로 수업이 진행되는 경우 개념서의 목차를 다 외우고, 그다음 각 단원의 개념과 공식을 모두 외운 뒤 백지테스트를 통해 점검해 봅니다. 또한 문제를 풀기 전에는 해당 단원명을 먼저 생각하고 이어서 개념과 공식을 떠올린 뒤 시험지에 먼저 적어본 다음 문제를 풀도록 하고 있어요.

한 과정을 공부하고 나서 뼈대 학습법으로 다시 한 번 정리해보면 좋습니다. 뼈대 학습법으로 공부하면 시간이 훨씬 단축되니까요. 책의 모든 문제를 다 풀지 않습니다. 그렇다고 수박 겉핥기식으로 쉬운 문제만 푸는 것도 아니지요. 개념과 공식에 관한 필수 문제들이 다 쉬운 문제는 아닙니다.

다만 뼈대 학습법에서도 개념은 간단히 지나칠 수 없습니다. 각 단원의 개념을 충분히 학습한 뒤에 공식을 증명하고 외워야 하지요. 그리고 이 개념과 공식을 적용하는 문제를 공부하고 또 외웁니다. 단, 이때 대표 문제 한두 개만 풀고 넘어갑니다. 비슷한 유형의 문제는 풀지 않지요. 각 개념과 공식에 딸린 문제들만 푸는 거예요. 경우에 따라서는 변형된 문제도 있어서 두 문제 정도만 풀면 됩니다. 이 방법을 반복해보세요. 한 번 공부해서는 머릿속에 잘 들어오지 않아요. 한 단원 안에서 여러 번 개념과 공식을 정리하고 문제를 풀면서 외워야 합니다. 반복하면 외워지게 돼 있어요. 개념과 공식은 따로 따로 있으면 안 됩니다. 문제에서 어떻게 함께 쓰이는지 알아야 해요. 비슷한 유형의 문제가 나오면 바로 해당 개념과 공식이 생각나도록 문제 유형 또한 외워야 합니다. 이런 과정을 반복하면 머릿속에 각 단원별로 개념과 공식, 관련된 문제들이 차례차례 정리됩니다. 집중해서 공부하면 한 과정을 공부하는 데 그리 오랜 시간이 걸리지 않아요.

물론 수학도 다른 과목과 마찬가지로 외우고 또 외워도 자꾸 까먹습니다. 까먹지 않으려면 한 번에 전 과정을 다 보고, 그다음에 또 보는 식으로 반복해야 합니다. 까먹기 전에 또다시 머릿속에 집어넣는 것이지요. 개념과 공식을 까먹으면 문제를 풀 때 헷갈릴 수밖에 없어요. 뼈대 학습법으로 기초 공사를 잘 다져놓아야 합니다. 이와 같이 뼈대 학습법은 어떤 과정을 다시 복습할 때 탁월한 학습법입니다. 어차피 개념과 공식만 정리하면 되기 때문입니다. 물론 이때 필수 문제도 꼭 함께 풀어봐야 합니다.

뼈대 학습법으로 한두 달 안에 개념과 문제풀이를 완성할 수 있습니다. 그렇다면 뼈대 학습법은 어떤 학생에게 필요할까요?

○ 산만한 학생

학생들 중에는 유난히 산만한 아이들이 있어요. 타고난 성향을 바꿀 수는 없지요. 현재 상황에서 최선을 다해야 합니다. 이런 학생들의 경우 뼈대 학습법으로 공부하도록 설득이 필요합니다. 조금만 공부해도 한 과정을 다 끝낼 수 있다고 학생을 잘 타일러야 하지요. 시간만 질질 끌면서 별 효과 없이 공부하는 것보다 훨씬 좋다는 것을 인식시키는 것입니다. 단, 개념과 공식을 정확히 외우게 해야 합니다. 풀어본 문제를 반복해서 풀게 하여 자연스럽게 외워지도록 해야 해요.

○ 수학 공부를 싫어하는 학생

공부하기 싫어하는 학생에게 채찍은 금물, 당근을 줘야 합니다. 수학 공부를 하기는 해야 하는데 막막하고 하기도 싫다면, 수학책을 보면 문제가 너무 많고 '이걸 언제 다 풀지?' 하고 한숨만 나온다면 이런 학생들과는 심리전을 해야 합니다. 강압적으로 공부하라고 하면 역효과만 나니까요. 이럴 때 뼈대 학습법으로 무리하지 않고 공부를 조금씩만 하는 것이 효과적입니다. 문제를 많이 풀지 않아도 되니 안심하세요. [개념과 공식] + [관련된 필수 문제풀이]만 반복하면 됩니다. 이렇게 반복하면 머릿속에 많은 개념과 공식이 자리 잡게 되고 다른 문제들을 보다 쉽게 푸는 계기가 될것입니다.

○ 개념 정리를 하고 싶은 학생

고등수학(상)과 고등수학(하) 과정을 다 배우고 수학1 과정을 공부하는데 개념이 다 연결되다 보니 수학1 과정의 문제풀이가 잘 안 되고, 고등수학(상), 고등수학(하) 과정의 개념들이 헷갈리기 시작합니다. 그때마다 개념서를 다시 들여다보며 공부를 하기는 하는데 생각보다 구멍이 너무 커보입니다. 그렇다고 지금 수학1 과정을 그만두고 고등수학(상)과 고등수학(하) 과정을 복습하는 것은 아닌 것 같아 고민입니다. 이럴 때 바로 뼈대 학습법이 필요합니다. 빠른 시간 안에 개념과 공식, 필수 문제들만 훑어보면 되지요.

○ 빠른 시간 안에 진도를 나가고 싶은 학생

이과로 진로를 정했는데 선행 진도가 느린 학생, 여름 방학처럼 기간이 짧아서 한 과정을 끝내기에 시간이 부족한 학생, 학기 중에 할 수 없이 내신과 선행을 병행해야 하는 학생, 핵심만 먼저 공부하고 다시 반복해서 공부하고 싶은 학생에게 뼈대 학습법은 매우 유용한 공부법이 될 것입니다.

물론 이 밖에도 여러 유형의 학생들에게 뼈대 학습법은 도움이 될 수 있어요. 뒤늦게라도 이 방법을 알았다면 적극 활용해보세요. 다만 부실하게 공부해서는 안 됩니다. 가령, 빠른 시간 안에 한 과정을 마무리한다고 공식의 증명을 하지 않고 건너뛰어서는 안 되는 것이지요. 증명과 암기는 뼈대 학습법에 있어서도 절대적으로 필요한 과정입니다.

개념서와 문제집만 보더라도 난이도 하부터 상까지 다양한 레벨이 있어요. 《수학의 정석》 기본편의 경우 처음 개념을 배우고 연습 문제를 풀어보면 잘 안 풀립니다. 어려워요. 중학생들이 처음 개념을 배울 때 정석의 연습 문제는 다루지 않습니다. 대신 개념의 유형별 문제풀이를 먼저 하지요. 그 이후에 정석의 연습 문제를 다루면 학생들 스스로 잘 풉니다. 이런 학습 방법이 가장 좋아요. 처음 개념을 배우면서 난이도 상에 해당하는 문제까지 학생들이 소화할 수 없으니까요.

뼈대 학습법은 곧 개념 학습법이다

수학은 '뼈대'가 가장 중요합니다. 선생님들도 이 뼈대에 해당하는 내용을 잘 가르쳐야 해요. 실제로 뼈대 학습법으로 공부하고 나서 다른 문제를 풀 때는 배운 개념과 공식들을 어떻게 활용하는지에 대한 연습일 뿐입니다. 이때는 혼자서 공부해도 됩니다. 잘 안 풀리고 막히는 부분은 이 문제에 어떤 개념과 공식을 활용해야 하는지 잘 모르는 경우입니다. 이럴 땐 해설지를 보고 공부하고 나서 유형을 외우면 됩니다. 어렵게 공부할 필요가 없어요. 해설지를 보고 공부하고 외워두면 그것이 진정한 공부입니다. 문제집의 모든 문제를 풀어야 한다는 고정관념을 깨도 됩니다.

뼈대 학습법은 곧 개념 학습법입니다. 개념을 정확히 이해하고, 공식을 증명하고, 이에 대해 문제풀이를 하는 방법이지요. 이때 풀어보는 문제는 한 문제 또는 두 문제입니다. 방금 익힌 개념과 공식을 바로 적용하는 문제만 풀어보는 거예요. 한 번 풀어서는 외워지지 않으므로 여러 번 풀어보면서 공식과 관련된 문제를 외워야 합니다. 개념과 공식을 외우는 것이 수학의 기본이니까요. 개념과 공식을 정확하게 아는 것이 사실 수학의 전부입니다.

뼈대 학습법으로 공부하고 문제풀이를 할 때 잊지 말아야 할 것이 있어요. 바로 풀이를 하기 전에 해당 문제의 '단원명'과 문제에 활용되는 '개념과 공식' 이 두 가지를 반드시 먼저 써보는 것입니다. 무조건 풀이만 적는 것보다 훨씬 정확하게 풀릴 거예요. 평소에 자주 보는 시험은 실전보다 많은 것을 요구해야 실전에 강해집니다.

[2-3]을 보면 시험지에 단원명과 공식을 적는 칸이 있어요. 학생들에게 문제풀이를 시작하기 전에 이 부분을 먼저 적어보라고 합니다. 이런 방식으로 수학을 공부한 학생은 개념서의 단원명을 모두 외우고 있을 거예요. 문제를 읽어보고 조건에 따라 해당하는 단원명을 적으면 됩니다. 그러면 따라오는 것이 있어요. 그 단원에 나오는 개념과 공식입니다. 그 공식들 중에서 이 문제를 풀기 위해 필요한 공식을 미리 적어놓는 것입니다.

1) 정의역이 $\{x \mid 1 \le x \le 16\}$인 함수 $y=(\log_2 x)^2-2\log_2 x+3$의 최댓값을 M, 최솟값을 m이라 할 때, $M-m$의 값은?

단원명	지수함수와 로그함수
공식	로그함수의 최대·최소
정 답	9

$\log_2 x = a$라 하면

$1 \le x \le 16 \to 0 \le a \le 4$

$y = a^2-2a+3 = (a-1)^2+2$

$a=4$일 때 최대. $M=11$

$a=1$일 때 최소. $m=2$

$M-m = 9$

2) $\log_{x-2}(-x^2+8x-7)$이 정의되도록 하는 모든 자연수 x의 값의 합을 구하시오.

단원명	로그
공식	$\log_a b$가 정의 → $a>0, b>0, a\ne1$
정 답	15

$\log_{x-2}(-x^2+8x-7)$가 정의

$x-2>0$, $-x^2+8x-7>0$

$x-2\ne1$

$x>2$, $1<x<7$, $x\ne3$

$\therefore 2<x<3$, $3<x<7$

$\therefore x = 4, 5, 6$

$4+5+6 = 15$

3) 오른쪽 그림과 같이 y축 위의 두 점 A, B에 대하여 두 함수 $y=2^x$, $y=a^x$의 그래프와 점 B를 지나는 직선 $y=k(k>1)$가 만나는 점을 각각 C, D라 하자. 삼각형 ACB의 넓이가 삼각형 ADC의 넓이의 2배일 때, 상수 a의 값을 구하시오. (단, $1<a<2$)

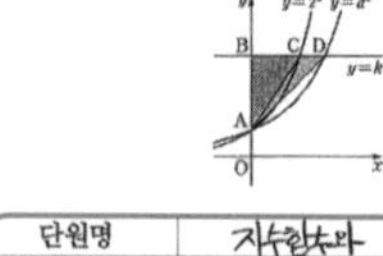

단원명	지수함수와 로그함수
공식	지수함수의 함숫값, 넓이 = $\frac{1}{2}$×밑변×높이
정 답	$\sqrt[3]{4}$

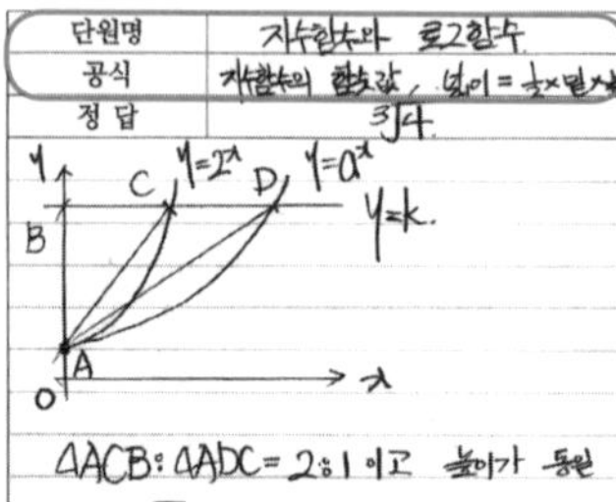

$\triangle ACB : \triangle ADC = 2:1$이고 높이가 동일

$\to \overline{BC} : \overline{CD} = 2:1$

$\therefore \overline{BC} = 2t$, $\overline{CD} = t$

$C(2t, 2^{2t})$, $D(3t, a^{3t})$

이때 $2^{2t} = a^{3t} = k$

$\therefore a^3 = 2^2$ $\therefore a = \sqrt[3]{4}$

[2-3]

뼈대 학습법은 문제풀이를 하기 전에 먼저 해당 '단원명'과 문제에 활용되는 '개념과 공식'을 써본 뒤 풀이에 들어가는 것이 중요하다.

이런 습관을 들이면 두 가지 효과를 얻을 수 있어요. 첫째, 문제의 주어진 조건에 개념과 공식을 연결하는 연습이 됩니다. 둘째, 공식을 정확하게 자꾸 써보는 연습을 통해 확실한 암기가 되지요. 이 밖에도 개념을 먼저 정리하고 문제풀이를 시작하면 문제를 더 정확하게 풀 수 있어요. 문제를 읽자마자 바로 풀다가 안 풀리면 다른 방법으로 푸는 시행착오를 줄일 수도 있지요. 시험을 보는 내내 더 차분해질 수밖에 없습니다.

처음에 학생들에게 문제풀이를 하기 전에 단원명과 공식을 써보라고 하면 아예 쓰지 못하거나 엉뚱한 공식을 쓰는 경우가 많아요. 내용이 맞고 안 맞고의 여부는 상관없어요. 학생 스스로 개념과 공식을 정리해보는 데 의의가 있으니까요. 채점할 때도 이 부분은 채점하지 않습니다. 하지만 이러한 연습을 꾸준히 해두면 분명 실전에서 큰 효과를 얻을 수 있을 거예요.

04 수능 시험은 개념의 이해도를 평가하는 것

수학 공부를 열심히 해야 하는 이유는 무엇일까요? 우리 모두 조금 솔직해지기로 해요. 앞서 언급했듯이 우리가 학창 시절에 수학 공부를 열심히 해야 하는 이유는 바로 '입시' 때문입니다. 원하는 대학에 가기 위해 수학 공부를 열심히 해야 하는 것이지요. 초등학교 때부터 12년 동안 수학 공부를 하는 이유가 내신 성적과 수능 시험을 위해서라는 사실을 어느 누가 부정할 수 있을까요? 그렇다면 좋은 내신 등급을 얻고 수능 시험을 잘 보려면 어떻게 해야 할까요? 첫째, 개념이 머릿속에 정확하게 정리되어 있어야 합니다. 둘째, 여러 개념을 복합적으로 활용하는 연습을 꾸준히 해야 합니다.

고3 학생들을 많이 가르치던 시절에 '3개월 만에 모의고사 성적 20점 올리기 반'을 개설한 적이 있어요. 단, 이 강의에 등록하기 위해서는 두 가지 조건이 있었습니다. 하나는 머릿속에 어느 정도 개념이 정리되어 있어야 하고, 또 하나는 모의고사 점수가 50점에서 75점 사이여야 했습니다(100점 만점 기준). 이 강의를 들은 모든 학생이 3개월 만에 모의고사 성적이 20점 이상 올랐습니다. 어떻게 이것이 가능했을까요?

우선 개념부터 확실히 정리되도록 공부를 시켰습니다. 학생들이 이미 어느 정도 개념을 알고 있다 해도 개념 정리가 빈틈없이 되어 있지 않았어요. 하지만 모든 개념을 처음부터 끝까지 다 정리할 수는 없었습니다. 문제풀이를 보고 미흡한 단원의 개념을 정리하고, 개념서를 읽으며 해당 개념에 대한 기본 문제를 풀어보았지요.

세 달 중 한 달은 이렇게 문제풀이 도중에 나오는 부족한 개념 정리만 시켰습니다. 한 달이면 충분했지요. 그리고 나머지 두 달은 문제풀이에서 쓰이는 개념들을 정리하도록 했습니다. 수능 시험에서는 하나의 개념만 알아도 쉽게 푸는 문제들이 있는 반면 여러 개념을 복합적으로 활용해야 하는 문제들도 많이 출제되기 때문입니다. 누구나 다 맞는 쉬운 문제는 나도 실수 없이 꼭 맞아야 하고, 틀리기 쉬운 문제를 내가 맞았을 때 상대적으로 등급이 올라갑니다. 그래서 두 달 동안은 두 개 이상의 개념이 연결된 문제들만 분석하도록 했습니다.

그럼 한 개의 개념을 사용하는 문제와 두 개 이상의 개념이 연결된 문제의 예시를 한번 살펴볼까요?

1번 문제는 수능 시험에서 한 개의 개념으로만 쉽게 푸는 문제이고, 2번 문제는 여러 개념을 복합적으로 사용해서 풀어야 하는 문제입니다.

1. 다음 그림과 같이 삼각형 ABC의 변 BC 위에 점 D를 잡을 때 AD의 길이를 구하시오.

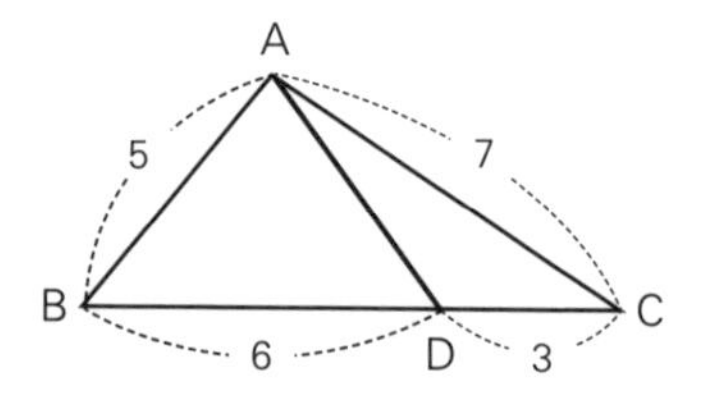

단순히 문제를 푸는 형태가 아니라 어떤 조건이 주어졌을 때 무엇을 구할 수 있는지 배워나가야 합니다.

- 세 변의 길이를 알면 cos값을 구할 수 있어요.
- 두 변과 끼인각을 알면 나머지 변을 구할 수 있어요.

2. 다음은 삼각형 ABC에 외접하는 원과 내접하는 원을 나타낸 것이다. AB=7, BC=13, CA=8일 때 색칠한 부분의 넓이를 구하고 그 과정을 서술하시오.

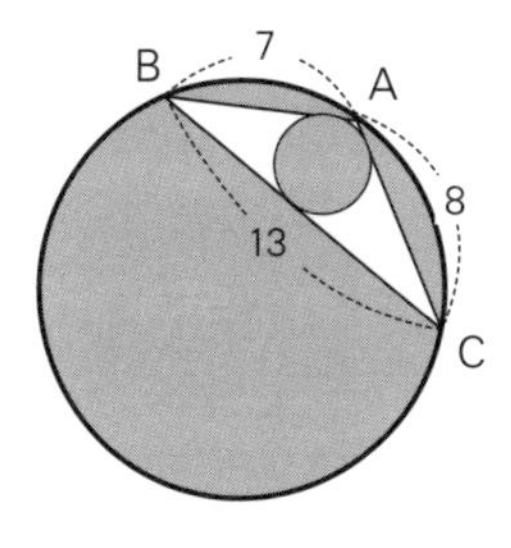

- 세 변의 길이가 주어져 있으므로 cos값을 구할 수 있어요.

- cosA를 알면 sinA를 구할 수 있고, tanA를 구할 수 있어요.

(풀이)

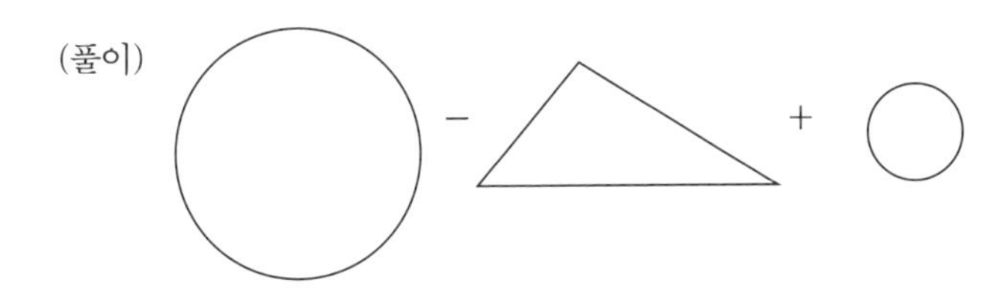

[외접원의 넓이 - 삼각형의 넓이 + 내접원의 넓이]

외접원의 반지름 - sin법칙으로 구합니다.

삼각형의 넓이 - 두 변과 끼인각(sin값)을 구합니다.

내접원의 반지름 - 넓이를 활용합니다.

세 변의 길이를 알고 있는 삼각형에 대해,

① 세 변의 길이를 알면 cos값을 알 수 있어요.

② cos값을 알면 sin, tan값을 구할 수 있어요.

③ sin값을 구하면 두 변과 끼인각을 활용해 삼각형의 넓이를 구할 수 있어요.

④ 삼각형의 넓이를 활용해 내접원의 반지름을 구할 수 있어요.

⑤ sin값을 활용하여(사인법칙) 외접원의 반지름을 구할 수 있어요.

이를 다시 표현해보면,

삼각형의 세 변의 길이 ▷ cosA ▷ sinA ▷ $\frac{1}{2}\overline{AB}\times\overline{AC}\times$sinA=넓이

tanA

▷ r(내접원의 반지름) : $\frac{1}{2}(a+b+c)r=$삼각형의 넓이

▷ R(외접원의 반지름) : $\frac{a}{\sin A}=2R$

우리가 알고 있는 코사인법칙은 단순히 $\cos A=\frac{b^2+c^2-a^2}{2bc}$와 같지만 실제로 수학 문제를 풀 때 필요한 것은 단순한 공식이 아닌 문제의 조건들을 어떻게 해석하여 답을 구하는지의 여부입니다.

문제를 풀 때 활용해야 하는 개념을 학생 스스로 생각할 줄 알아야 합니다. 또한 활용해야 하는 개념들에는 순서가 있으므로 순서에 맞게 개념을 대입할 수 있어야 하지요. '이러한 조건이 주어졌을 때 어떤 개념과 공식을 활용하면 될까?' 이렇게 스스로 묻고 답해야 합니

다. 선택한 개념과 공식이 들어맞으면 다음 단계로 가면 되고, 틀리면 조건에 맞는 개념과 공식을 다시 공부해야 하지요.

수능은 개념을 묻는 시험이다

수능 시험에서 수리영역은 개념을 확실히 알고 있는지를 판가름하기 위한 시험입니다. 제가 고3일 때 한번은 모의고사를 치르고 당일 채점을 하는데 한 문제가 아무리 봐도 이상했습니다. 답이 잘못된 것 같았지요. 대입 시험을 고작 며칠 앞두고 찜찜한 마음에 집에 와서 이 문제에 해당하는 단원을 다시 살펴보니 문제에 적용하는 개념을 잘못 알고 있었습니다. 그래서 부랴부랴 잘못 알고 있던 개념을 다시 정확히 외우며 공부했지요.

그러고 나서 며칠 뒤 대입 시험을 치르러 갔는데 며칠 전 모의고사에 나왔던 그 문제와 같은 유형의 문제가 나왔습니다. 개념 정리를 다시 잘 해놔서 그 문제는 자신 있게 풀었고 답도 맞았지요. 만약 시간이 얼마 없다고 잘못된 개념을 다시 공부하지 않았다면 그 문제를 틀렸을 것이고 시험 점수가 내려가 원하는 대학에 입학하지 못했을지도 모릅니다.

개념은 고3 때 정리해도 늦지 않아요. 물론 개념을 처음 공부할 때 정리를 완벽하게 잘해놓으면 좋겠지만 사람인지라 까먹기도 하고 다른 개념을 배우면서 혼동이 오기도 합니다. 한 번 전체적으로 개념 정리를 한 후에 문제를 풀면서 스스로 부족한 개념들을 다시 공부하는 것이 머릿속에 더 잘 들어오고 오래 남습니다. 오답 정리보다 개념 정리가 훨씬 더 중요해요.

내신 준비를 할 때는 물론 수능 시험에 대비하여 공부할 때 개념 정리에 더욱 매진해야 합니다. 개념과 공식은 그 자체 그대로 공부하고 외우면 그만입니다. 심화된 개념도 심화된 공식도 없기 때문입니다. 심화 문제라는 것은 활용해야 할 개념이 많아서 문제를 푸는 데 있어 시간이 좀 더 오래 걸리는 문제일 뿐입니다. 꾸준한 노력과 학습량을 바탕으로 다음 두 가지만 잘하면 좋은 성적을 얻을 수 있습니다.

첫째, 오답이 나왔을 때 그 문제에 해당하는 개념 학습을 해야 합니다. 막연히 수학1 과정의 개념이 부족한 것 같다고 수학1 과정이 나온 개념서를 붙잡고 처음부터 끝까지 살펴보고자 하면 절대 안 됩니다. 자극이 없어서 안 돼요. 시험에서 틀린 문제를 보고 심장이 덜컥 내려앉았을 때 부족한 개념을 공부하면 머릿속에 더 쏙 들어올 거예요.

둘째, 두 개 이상의 개념을 활용해서 푸는 문제들을 해결할 수 있는 실력을 키워야 합니다. 방법은 유형별로 문제풀이를 하는 것입니다. 또 기출 문제로 연습하면 되지요. 비슷한 유형이면 활용되는 개념도 비슷합니다.

문제를 풀면서 자연스럽게 문제 유형이 함께 외워질 거예요. 유형이 외워지면 비슷한 문제가 나올 때 마음이 편안해지면서 문제가 잘 풀리고 실수도 잘 하지 않게 되지요.

이렇듯 유형을 외우는 것이 중요합니다. 유형을 외운다는 것은 주어진 조건에서 활용되는 개념들이 비슷한 문제들을 머릿속에 정리한다는 뜻입니다. 유형이 머릿속에 정리되어 있으면 조건에 알맞은 개념과 공식을 헷갈리지 않고 잘 꺼내 쓸 수 있어요. '3개월에 모의고사 20점 올리기 반' 학생들도 개념 정리와 유형별 문제풀이의 반복을 통해 좋은 성과를 거둔 것입니다.

수능 시험을 앞둔 고3 학생들에게 개념은 더욱 중요합니다. 고1 때 공부하던 개념서를 절대 버리지 마세요. 또한 개념서는 오직 한 권이어야 합니다. 수능 전까지 이 한 권의 개념서가 너덜너덜해질 정도로 여러 번 들여다봐야 합니다. 이 개념서에는 본인만의 표시도 항상 해놓아야 합니다. 자꾸 까먹거나 틀리는 개념들은 눈에 띄는 색으로 표시를 해두면 좋아요. 모의고사를 앞둔 고3학생들은 남은 시간 동안 수학 문제를 몇 개 더 풀기보다 개념서를 들여다보며 평소에 표시해둔 헷갈리는 개념들을 한 번 더 머릿속에 정리해보는 것이 좋습니다.

05 무조건 공식은 사용 금지

이해는 물론 설명도, 증명도 하지 못하는 공식은 절대 수학 문제를 풀 때 활용해서는 안 됩니다. 단순히 외운 공식을 문제에 대입해서 풀 바에는 아예 수학 문제를 풀지 않는 편이 나아요. 고등수학에서 문제풀이의 목적이 연산 능력을 높이는 것은 아니니까요. 그냥 그 시간에 쉬거나 다른 과목을 공부하는 편이 더 낫습니다. 수학은 주어진 조건이 조금만 달라져도 완전히 다른 문제가 됩니다. 무작정 공식만 외워서는 수학 문제를 절대 풀 수 없어요.

수열 단원에 '복리' 문제가 나오는데 주로 원금에 이자 계산이 되어 돈이 적립되는 유형의 문제입니다. 이러한 복리 문제를 풀기 위한 공식을 열 개 이상 정리해놓은 참고서도 봤습니다. 이런 '무조건 공식'의 대입을 유도하는 참고서는 수학 공부를 망치는 책입니다.

공식을 아무런 이해도 없이 무조건 외운 뒤 문제에 대입해서 풀면 이 공식에 파생되는 이론은 전혀 알 수 없게 됩니다.

이러한 참고서는 대부분 '무조건 공식' 바로 밑에 문제가 딸려 있어서 대입하는 방법까지도 친절하게 알려주지요. 그 친절함에 감동하며 기계적으로 공식을 대입해서 풀고 정답을 맞히면 '이 어려운 복리 문제를 무조건 공식에 대입해서 푸니 잘도 풀리네. 앞으로도 이렇게 풀면 되겠구나'라고 여기게 됩니다. 그러다가 며칠 후 학교 시험에 복리 문제가 나오고 이번에도 '무조건 공식'을 대입해서 문제를 풀려고 하지만 문제가 풀리지 않아 당황하게 되지요.

수학을 이렇게 공부해서는 절대 안 됩니다. 같은 유형의 문제들은 활용할 수 있는 개념과 공식이 하나밖에 없어요. 복리 문제는 $S=a(1+r)^n$이라는 공식 하나면 됩니다. 여기서 a는 원금, r은 이율, n은 이자 계산이 되는 횟수를 나타내지요. 복리 문제에서는 $S=a(1+r)^n$이라는 공식 하나만 활용하기 때문에 문제에서 구하는 미지의 것이 S가 될 수도 있고, a 또는 n이 될 수도 있어요. 이율을 계산하는 단위가 1개월 단위일 수도 있고, 6개월 단위일 수도 있으며, 1년 단위일 수도 있지요. 그리고 원금을 월초에 넣을 수도 있고, 월말에 넣을 수도 있어요. 따라서 복리 문제는 공식을 무조건 외운다고 풀 수 있지 않아요.

무엇보다 복리 문제를 풀 때는 [2-4]와 같은 연도표를 꼭 그려봐야 합니다. 연도표를 그리면 이자 계산이 되는 횟수까지 다 나오지요. $S=a(1+r)^n$이라는 공식과 연도표만으로 모든 복리 문제가 풀립니다. 수학 문제는 이렇게 푸는 것입니다. 물론 공식을 조건에 맞게 외워야 하는 것은 맞지만 공식을 이해한 뒤 잘 적용해야만 모든 문제를 어렵지 않게 풀 수 있습니다.

'수학 문제를 풀 때 본인이 설명할 수 없는 공식은 절대 사용하지 말 것!' 이것만 기억하세요. 반대로 설명할 수 있고 증명할 수 있다면 복리 문제처럼 공식 하나를 알면 열을 아는 것과 같은 효과를 얻을 수 있습니다. 한 문제를 푸는 것만으로도 다른 열 문제를 풀 수 있는 실력을 갖추게 된다는 사실을 깨닫게 되지요. 이렇게 하면 시험을 볼 때마다 문제의 주어진 조건이 달라져도 스스로 풀 수 있는 힘이 생깁니다. 어려운 문제에도 쉽게 도전할 수 있기 때문에 자신감은 더욱 높아질 테고요.

선생님은 학생들에게 다음과 같은 중요 포인트만 잘 짚어주면 됩니다. "원리합계 공식인 $S=a(1+r)^n$을 증명해봐" "반드시 연도표를 그려가면서 풀어야 이자 계산이 되는 횟수인 n이 헷갈리지 않아" "대부분 S, a, n을 구하는 문제이므로 세 개 중 두 개의 조건이 주어질 테고 그것을 활용하여 나머지 하나를 구하면 돼" "자, 이제 문제 안에서 해답을 잘 찾아보자!" 이렇게 하면 학생들이 헷갈리지 않지요. 학생이 직접 원리합계 공식을 유도할 수 있으므로 모든 문제를

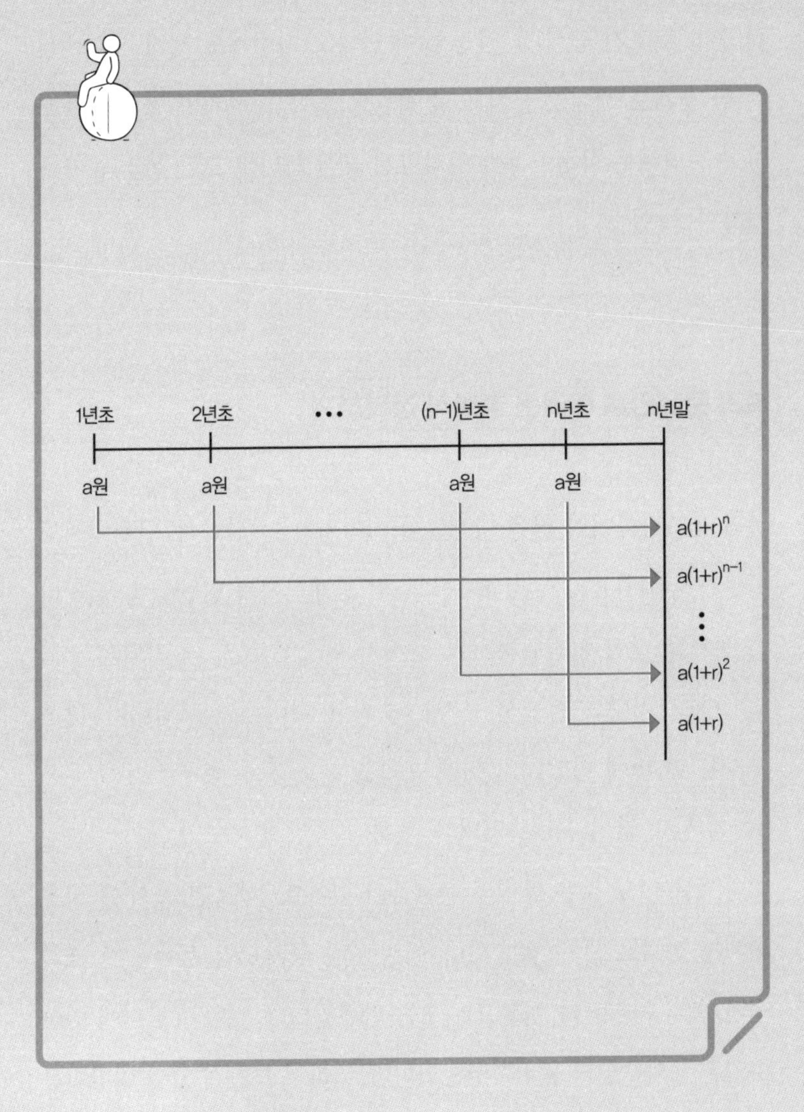

[2-4]
복리 문제를 풀 때 연도표를 그리면 이자 계산이 되는 횟수까지 구할 수 있다.

이 공식의 유도 과정과 같이 풀 수 있게 됩니다. 학교에서 옆에 앉은 친구가 '무조건 공식'을 엄청 많이 안다고 자랑해도 정작 시험에서는 한 문제도 제대로 풀지 못할 확률이 높아요. 하지만 공식을 유도하고 증명해본 학생이라면 원리합계 공식 하나로 모든 복리 문제를 정복할 수 있습니다.

복리 문제만큼 어려운 점화식 정복하기

복리 문제만큼이나 많은 학생들이 어려워하는 '점화식' 단원에서도 마찬가지입니다. a_n, a_{n+1} 또는 a_{n+2}의 관계식에서 일반항 a_n을 구하는 문제를 많이 어려워하지요. 문자가 나오면 왠지 더 어렵게 느껴집니다. 그러나 수학에서 문자는 숫자를 나타내는 것입니다. 많은 숫자를 한 번에 나타내기 위해 문자를 사용하는 것이지요. 즉 a_n은 n번째 항의 값이라는 뜻입니다. 점화식 유형 문제도 만들기 나름입니다. 너무나도 많은 유형의 문제들이 있어요. '무조건 공식'을 사용해서는 절대로 풀 수 없습니다. 이 단원은 등차수열, 등비수열, 조화수열, 계차수열을 다 배우고 나오는 단원입니다. 일반항 공식이 있는 수열은 등차수열과 등비수열뿐입니다. 따라서 모든 수열의 일반항은 이 등차수열과 등비수열의 일반항을 사용해서 풀게 되어 있어요.

그럼에도 이 점화식 단원 역시 '무조건 공식'이 난무합니다. 이러한 공식을 외우면 오히려 헷갈리기만 할 뿐 도움이 되지 않습니다. 잘못 대입하는 바람에 틀리기 일쑤지요. 문제를 잘 푼다는 것은 조건이 달라져도 개념을 찾아 스스로 풀 수 있고, 앞서 배운 공식을 잘 활용한다는 뜻입니다.

《수학의 정석》을 예로 들면 점화식 기본 유형 문제가 다섯 개 나오는데 이 기본 유형 문제들을 모두 외운 뒤 스스로 백지테스트를 해보면 좋습니다. 백지에 다섯 개의 기본 유형 문제를 직접 써본 뒤 일반항을 유도해서 답을 구해보는 것이지요.

그렇다면 점화식의 다른 유형 문제는 어떻게 풀어야 할까요? 복리와 마찬가지입니다. 복리에서는 $S=a(1+r)^n$과 연도표가 전부였듯이 점화식에서는 다섯 개의 기본 유형 문제가 전부입니다. 다른 점화식 문제들을 이 다섯 개의 기본 유형 문제처럼 주어진 일반항 식을 변형하면 되는 것이지요. 역수를 취하거나, 양변에 상수를 더해 완전 제곱식으로 만들거나, 양변에 상용로그를 취하기도 합니다. 물론 점화식 단원 역시 외워야 합니다. 하지만 '무조건 공식'을 외우는 것이 아니라 모든 유형의 점화식 문제를 풀기 위한 소스가 되는 다섯 개의 기본 유형 문제를 외워야 하지요.

이렇게 공부하면 그 어떤 복잡한 유형의 점화식 문제도 다 풀립니다. 수학적 사고력이 발달하고 문제에 대한 확신도 높아지지요.

수학에 대한 도전 의식도 생겨나 수학 공부에 집중하는 시간이 점점 더 길어질 것입니다. 많은 학생들이 점화식 문제를 풀 때 특정된 개념과 공식이 없어서 갈팡질팡합니다. '무조건 공식'을 잔뜩 대입해서 문제를 풀고 어쩌다 정답을 맞혀도 왠지 개운하지가 않습니다. 다른 유형의 문제에도 이 공식이 들어맞는다는 확신이 없으니까요. 점화식 문제만 나오면 불안하고 시험을 봐도 성적이 오를 리 없겠지요. 이러한 악순환이 반복됩니다.

문제풀이를 할 때는 내가 정확히 아는 개념과 공식만 활용해야 합니다. 정확히 안다는 것은 다른 사람에게 설명할 수 있어야 하고, 증명할 수 있어야 한다는 뜻입니다. 스스로 확신이 없는 공식은 절대 문제에 활용하면 안 됩니다. 수학 문제는 진실해요. 모르는 공식을 쓰면 대부분 틀립니다. 우연히 답이 맞아도 그건 본인 실력이 아닙니다. 절대 착각해서는 안 돼요. 그래서 개념이 중요하다는 것입니다. 소단원에서 활용되는 개념과 공식은 많지 않아요. 스스로 머릿속에 정리한 최소한의 개념과 공식으로 문제를 풀어야 합니다. 물론 공식을 스스로 증명해보고 완벽하게 외워서 내 것으로 만드는 습관을 갖춘다면 마음껏 활용하며 그 어떤 문제든 자신감 있게 풀 수 있을 거예요!

06 모개념을 쓰는 습관이 탄탄한 기초를 만든다

모개념이란 문제를 푸는 데 활용하는 기본 개념입니다. 모든 문제에는 모개념이 있지요. 이 개념을 정확하게 생각해내서 문제 옆에 써놓고 문제를 풀어나가는 연습을 해야 합니다. 그다음에 문제의 주어진 조건을 보고 이에 대한 개념과 공식을 단번에 생각해내야 하지요. 우왕좌왕 여러 개념들을 떠올리다가는 시간이 부족하므로 문제를 푸는 데 필요한 모개념이 곧바로 떠오르도록 이런 식으로 평소에 연습을 해두어야 합니다.

예를 들어 2와 3을 두 근으로 하는 이차방정식을 구하는 문제가 있어요. 그러면 두 수인 a, b를 두 근으로 하는 이차방정식 $x^2-(a+b)x+ab=0$이라는 공식을 먼저 문제 옆에 써놓는 거예요. 그런 다음 공식에 대입해서 문제를 풀어나가면 됩니다. "x에 대한 이차방정식이 서로 다른 실근을 갖는다"는 문제는 판별식의 부호가 0보다 크다는 공식을 문제 옆에 써놓고 시작해야 하지요. 그런데 이와 비슷한 "x에 대한 이차방정식의 두 근이 모두 양의 정수일 때 다음 식의 m값을 구하시오"라는 문제가 있다면 판별식의 부호로 구하는 것이 아니라 "두 근을 a, β로 한 부정방정식으로 푼다"라고 써둬야 합니다.

개념과 공식을 배우고 나서 문제풀이를 할 때 이러한 모개념을 잘 사용해야 합니다. 문제에 꼭 들어맞는 개념과 공식을 활용해야 하지요. 연산은 정신 차리고 하면 대부분 틀리지 않아요. 중고등학생 때는 연산이 아니라 문제에 맞는 개념과 공식을 빠르게 적용하는 것이 무엇보다 중요합니다. 시험을 치를 때만 생각해내는 것이 아니라 평소 수학 문제를 풀 때마다 모든 문제에 모개념을 정리하는 연습을 해야 합니다.

이렇게 모개념을 먼저 써놓고 문제를 풀면 좋은 이유가 두 가지 있어요. 첫째는 문제를 정확하게 또 빨리 풀게 됩니다. 둘째는 개념과 공식에 대한 기초가 더 탄탄해집니다. 누누이 강조하지만 개념과 공식, 문제는 하나의 세트로 생각해야 합니다. 개념과 공식을 공부하고 그것을 대입하는 문제를 풀어보지 않거나 공부한 개념과 공식을 무시한 채 자기 멋대로 문제를 풀어서는 열심히 공부한 의미가 없습니다.

문제는 잘 안 풀리고 시간만 자꾸 흐르지요. 그동안 뭔가 배운 것은 많은 데 머릿속이 빙빙 돌고 답답해집니다. 냉정하게 생각해야 해요. 대부분의 문제는 실수해서 틀리는 것이 아니라 몰라서 틀리는 것입니다.

지금부터라도 문제풀이 습관을 바꿔봅시다. 문제에서 주어진 조건을 잘 살펴보고 해당하는 모개념을 생각한 다음 개념과 공식을 시험지에 써놓고 문제를 풀어보는 거예요. 방정식 단원의 문제이면 "식으로 푼다" 함수 단원이면 "그래프를 이용해서 푼다"와 같이 시험지 옆에 모개념을 먼저 적어보세요. 아마 골똘히 생각하면서 문제풀이를 시작하는 자신을 보게 될 것입니다. 집중력도 좋아지고요. 지금까지 문제를 풀면서 한 가지 개념을 생각하고 풀다가 아닌 것 같으면 그때서야 다른 개념과 공식을 떠올려보곤 했을 것입니다. 습관을 바꾸면 결과가 달라질 거예요.

이렇게 문제를 풀 때마다 모개념을 먼저 써놓고 문제를 풀고 나면 그다음에는 꼭 해설지의 풀이 내용을 꼼꼼히 살펴봐야 합니다. 해설지의 풀이가 가장 이상적인 모범 답안이니까요.

이때 풀이 내용과 답만 보는 것이 아니라 자신이 생각한 개념과 공식이 맞는지도 확인해봐야 합니다. 그래서 어찌 보면 문제를 푸는 시간보다 풀고 난 다음의 검토 시간이 더 오래 걸리고 이 시간이 더 중요합니다.

해설지의 풀이를 살펴보면 해당 개념과 공식을 한눈에 알아보기 쉽게 따로 정리가 되어 있지는 않을 거예요. 하지만 개념을 제대로 공부했다면 내용만 봐도 다 알지요. 해설지를 보며 한 번 더 자신이 풀었던 문제에서 활용된 모개념을 정리해야 합니다. 수학 문제는 한 글자만 달라져도 다른 조건이 되어 완전히 푸는 방법이 달라집니다. 앞서 예를 든 문제와 같이 '이차방정식에서 갖는 근이 실근이냐 아니면 정수근이냐'에 따라 판별식을 사용해야 하는지 아니면 부정방정식을 사용해야 하는지가 달라집니다. 문제를 풀 때 모개념을 함께 적는 연습을 하면 유형별로 문제를 푸는 방법도 자연스레 몸에 배게 됩니다.

많은 문제보다 한 문제를 제대로 풀기

많은 문제를 풀 필요는 없어요. 한 문제를 풀더라도 그 문제의 모개념을 정확하게 파악하면 됩니다. 다른 개념을 활용하면 왜 안 되는지도 알아야 합니다. 문제에 적용되는 모개념을 잘 구분해서 이해해야 하지요. 수학에서 암기가 중요하다고 무조건적으로 외우면 안 됩니다. 충분히 설명할 수 있을 만큼 이해한 다음에 외워야 해요. 물론 외우는 것은 중요합니다. 외우지 않으면 모개념 유형이 너무나 많아서 나중에 더 정리가 안 되기 때문입니다. 이렇게 모개념을 쓰면서 문제풀이를 하다 보면 시험에 정수근 조건이 나오면 자동으로 시험지에 이렇게 써놓게 됩니다. "판별식 쓰면 안 됨! 부정방정식으로 풀 것!" 이런 습관을 들인 학생은 당연히 수학 성적이 오르게 되어 있어요.

원의 방정식 단원에서는 접선을 구하는 문제들이 많이 나옵니다. 고등수학(상) 앞부분의 연산 쪽은 잘하다가 도형 단원이 나오면 그 때부터 머리에 쥐가 나는 학생들이 제법 많아요. 잘못 가르치고 잘못 배워서 그렇습니다.

원의 방정식에서 접선이라는 조건만 나오면 가장 간단하고 가장 많은 문제에 적용되는 모개념 하나만 알면 됩니다. 바로 "원의 중심과 접선과의 거리는 원의 반지름이다"라는 개념이에요. 이 개념 하나로 모든 문제가 간단하게 풀립니다. 이때는 판별식을 쓰면 안 돼요. 계산이 지저분하게 길어지기 때문입니다.

수학은 정확한 모개념을 모르거나 알맞은 공식을 적용하지 못해서 문제가 어려운 것입니다. 어려워서 잘 풀지 못했던 문제의 해설지를 살펴보다가 너무 쉽고 간단한 방법으로 해결해서 깜짝 놀란 적이 있을 거예요. '이 쉬운 걸 내가 왜 생각해내지 못했을까?' 중요한 시험을 치르고 난 뒤에 이런 생각이 든다면 하늘이 무너지는 심정이겠지요. 가장 간단한 모개념 하나만 생각해내면 됩니다. 간단한 모개념이 여러 문제에 적용된다는 좋은 점도 있어요. 또한 모개념이 간단하면 계산도 대체로 간단합니다.

수학책은 각종 필기와 흔적들로 지저분해야 합니다. 문제를 다 풀고 나서는 해설지를 들여다보며 반드시 모개념을 책에 정리하세요. 참고서나 문제집의 문제 옆에 함께 정리해놓아야 합니다. 수학책은 한 권을 반복해서 여러 번 봐야 한다고 했던 말 잊지 않았지요? 고3 때도 모의고사를 본 뒤 개념 정리가 좀 더 필요하다고 생각되면 전에 보았던 수학책으로 다시 공부하세요. 그동안 본인이 스스로 공부하며 남긴 흔적들로 인해 그 어떤 책보다 개념과 공식이 이해하기 쉽게 잘 정리되어 있을 거예요. 수학책을 처음부터 끝까지 다 봤다고 절대 버려서는 안 됩니다. 수학 문제들을 푼 노트는 버려도 돼요. 하지만 수학책은 반드시 다시 보게 되어 있고, 또 반드시 다시 봐야 합니다.

최대한 많은 정보를 담아두어야 해요. 문제의 주어진 조건에 색깔 펜으로 표시하고 같은 색 펜으로 모개념을 정리해보세요. 비슷한 다른 개념을 활용하면 안 되는 이유도 간단히 적습니다. 여기서 말하는 수학책은 개념서일 수도 있고 문제집일 수도 있어요. 어쨌든 이렇게 정리한 책은 자신만의 수학책이 되는 것입니다.

습관을 바꾸면 모든 것이 좋아집니다. 활용할 수 있는 모개념이 여러 개라면 가장 간단한 모개념을 정리하면 됩니다. 굳이 여러 개를 정리하지 않아도 돼요. 계산만 복잡해집니다. 문제를 풀면서 해당되는 모개념을 문제 옆에 적어보는 습관은 반복적으로 개념을 공부할 때 분명히 피와 살이 되어 우리의 수학 실력을 살찌울 거예요.

수학은 개념이다 | 핵심 요약 노트

- **수학에서 개념이란 정의와 공식을 뜻한다.** 수학은 외워놓은 개념에 따라 수식으로 문제를 풀어내는 과목으로 문제를 풀기에 앞서 개념 정리부터 하는 습관을 들여야 한다. 단원별로 정의를 외우고, 공식을 증명하고, 이 정의와 공식을 모두 백지에 거침없이 쓸 줄 알면 그것으로 개념 학습은 끝이다. 문제풀이보다 개념 학습에 시간을 더 많이 할애할수록 문제풀이 시간이 단축되고 오답도 줄어들 것이다.

- **수학은 개념 학습, 공식 암기, 문제풀이가 동시에 순환되어야 한다.** 개념을 공부하고, 공식을 증명하며 외운 뒤, 문제풀이를 하면서 또 한 번 개념을 정리하고 공식을 외워야 한다. 개념과 공식을 보면 이에 대한 문제가 생각나야 하고, 문제를 풀면서는 해당 개념과 공식이 떠올라야 한다는 뜻이다. 문제를 풀고 나서는 해설 지를 보고 나의 풀이 방법과 비교하며 개념과 공식을 정확하게 사용했는지 꼭 확인해야 한다. 그다음 문제풀이에 사용된 개념과 공식을 다시 외우고, 문제 유형도 함께 외운다. 이렇게 공부하면 개념과 공식, 문제풀이가 하나로 연결된 제대로 된 수학 공부를 하게 된다.

- **뼈대 학습법이란 개념과 공식을 정확히 이해한 뒤 해당 개념과 공식을 곧바로 적용해볼 수 있는 필수 문제를 풀어봄으로써 개념을 확실히 다지는 학습법을 말한다.** 여기서 뼈대는 곧 [개념과 공식+관련된 필수 문제]인 셈이다. 뼈대 학습법으로 공부할 때는 문제를 풀기 전에 반드시 해당 단원명이 무엇인지, 어떤 개념과 공식을 대입해야 하는지 생각하여 문제 옆에 먼저 적어보아야 한다. 한 과정의 공부가 끝난 뒤 이러한 뼈대 학습법으로 개념을 빠르게

정리하면 공부 시간을 효과적으로 단축할 수 있다.

- **수능은 개념 이해도를 평가하는 시험으로 개념을 얼마나 잘 이해하고 있는지, 여러 개념들을 어떻게 서로 연결하고 확장시킬 수 있는지를 판가름하기 위한 것이다.** 따라서 수능 시험을 잘 보려면 단원별로 개념이 머릿속에 정확하게 정리되어 있어야 하고, 한 문제에 여러 개념들이 복합적으로 활용되는 문제들을 해결해나가는 연습을 꾸준히 해야 한다. 문제 유형을 외워두는 것이 유리한데 유형을 외운다는 것은 '문제의 주어진 조건에서 사용되는 개념들이 비슷한 문제'들을 머릿속에 정리해두는 것을 의미한다.

- **모두가 어려워하는 복리 문제, 점화식 문제에서도 개념이 중요하다.** '무조건 공식'을 외우면 헷갈리기만 하고, 잘못 대입해서 틀리게 될 확률도 높다. 문제를 잘 푼다는 것은 조건이 달라져도 개념을 찾아 스스로 풀 수 있고, 앞서 배운 공식을 잘 활용한다는 것을 의미한다. 중요한 것은 문제를 풀 때 자신이 정확히 아는 개념과 공식만을 사용해야 한다는 것이다.

- **모개념이란 문제를 풀기 위해 활용해야 하는 기본 개념을 말한다.** 모든 문제에는 모개념이 있으므로 이것을 정확하게 떠올린 뒤 문제 옆에 써놓고 문제를 푸는 연습을 해보자. 모개념을 함께 써놓고 문제를 풀면 문제를 정확하게 또 빨리 풀게 되고, 개념과 공식에 대한 이해가 더욱 탄탄해진다. 활용할 수 있는 모개념이 여러 개일 경우 가장 간단한 모개념을 대표로 정리하면 된다.

암기
개념
선행
문제풀이
시험
오답 체크

3장

수학은 '선행'이다

수학적 재능이 부족할수록 선행 학습은 더욱 필요하다.
"상위 개념으로 문제를 더 쉽게, 더 빨리!"

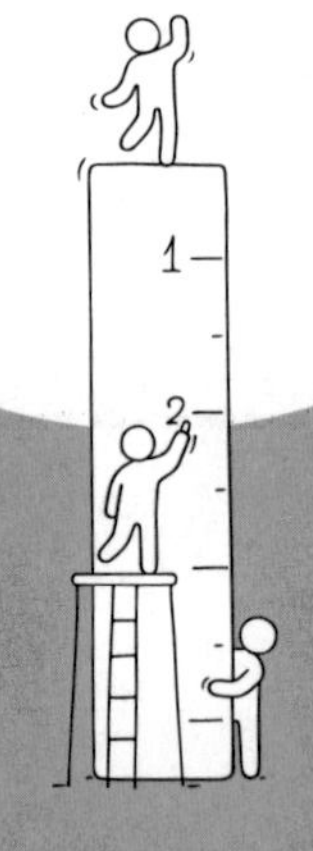

01 중등수학의 개념이 고등수학까지 이어진다

수학의 개념은 중1 때 배우는 중1상부터 고등학교 때 배우는 수학1, 수학2, 미적분까지 쭉 연결되어 있어요. 아니 확장된다고 하는 게 더 정확합니다. 확장된 개념을 더 빨리 배우면 현시점에서 수학 문제를 더 잘 풀 수 있다고 생각합니다. 물론 절대적으로 잘 푸는 것이 아니라 상대적으로 잘 푼다는 뜻입니다. 다른 학생보다 잘한다는 게 아니라 안 배우는 것보다는 빨리 배우는 게 학생 입장에서 좋다는 얘기지요. 푸는 방법이 다양해질수록 수학은 쉬워지니까요.

중등수학에서 제일 중요한 과정은 중3상 과정입니다. 중1하, 중2하, 중3하가 기하 과정인데 이 기하 과정을 못하면 고등학교 과정인 도형 단원을 못한다고들 합니다. 그러나 실상은 절대 그렇지 않아요. 고등학교 과정은 모두 함수가 기반입니다. 중등수학 과정에서 나오는 도형은 좌표가 없는 도형입니다. 반면 고등수학 과정에서 나오는 도형은 보통 좌표에 넣어서 식으로 풉니다. 완전히 달라요. 중등수학의 도형 단원은 기본 공식만 알고 넘어가도 고등수학을 하기에 충분합니다. 하지만 중3상 과정은 그렇게 만만치 않아요. '인수분해'와 '함수' 단원이 있기 때문입니다.

고등학교에 가서 수학을 잘하기 위해서는 반드시 잘해야 하는 단원들이 있어요. 그것이 바로 중3상 과정의 '인수분해' 단원입니다. 인수분해는 식 계산입니다. 유형별로 잘 정리해서 익히면 어렵지 않게 문제를 풀 수 있어요. 선행 학습을 하는 경우 중3상 과정 후에 중3하를 하지 않고 바로 고등수학(상)을 배웁니다. 고등수학(상) 과정에 인수분해 단원이 나오지만 별로 할 게 없어요. 중3상 과정에서 이미 다 공부했으니까요. 개념이 모두 연결되어 있기 때문입니다.

중3상 과정에 있는 '함수' 단원은 중학생들이 가장 어려워하는 단원입니다. 그래프를 못 그려서 어려워하는 경우가 많기 때문에 무엇보다 선생님이 일차함수와 이차함수 그래프 그리는 법을 확실히 가르쳐주어야 해요. x축과 y축, 원점도 표시할 줄 모르는 경우가 많아요. 문제풀이에만 급급해서 기본인 개념 원리를 제대로 배우지 않았기 때문입니다. 자를 대고 x축과 y축, 원점을 표시하고 직선이면 x절편, y절편을 꼭 표시해야 합니다. 이차함수에서는 꼭지점의 좌표, x절편, y절편을 모두 표시해야 하고요.

중등수학 과정의 함수 단원을 잘 배워놓지 못하면 고등학교 때 배우는 함수 단원이 힘들 수밖에 없어요. 특히 고등수학은 다 함수입니다. 중3상에서 함수를 배울 때 고등수학(하)에 나오는 일차함수와 이차함수의 내용도 배웁니다. 앞서 한 번 배워두면 고등수학에서 보다 쉽게 받아들일 수 있기 때문입니다. 그런데 학생들은 잘 구분하지 못합니다. 예전에 배운 내용이라고 생각하기보다는 본인이 잘한다고 생각하지요. 그래도 이러면 성공입니다. 수학은 본인이 스스로 풀 줄 아는 문제들이 많으면 효과가 좋으니까요.

중등수학은 고등수학 개념의 예습이다

인수분해나 함수 단원 모두 개념이 연결되어 있기 때문에 중등수학을 배울 때 잘 배워놔야 고등수학도 무리 없이 진도를 나갈 수 있습니다. 중2하에서는 '경우의 수'와 '확률' 단원이 나오는데 역시 마찬가지로 이때 순열 공식과 조합 공식을 잘 배워두어야 합니다. 순열 공식 P와 조합 공식 C를 사용하면 개념이 확장되어 중학교 때 이미 고등수학에서 배울 순열과 조합 내용까지 다 공부하게 됩니다. 나중에 고등수학의 '확률'과 '통계' 단원에서 이러한 내용들을 다시 한 번 배우게 되는데 이때 보다 수월하게 내용을 이해할 수 있을 것입니다. 확률은 순열과 조합의 개념이 확장된 것일 뿐이니까요. 이렇듯 중등수학은 고등수학까지 연결되는 개념들을 미리 배워놓는 것입니다.

중고등수학 과정을 살펴보면 한 차례 나온 뒤 반복되는 단원이 있고, 그렇지 않은 단원이 있어요. 중등수학에서는 중3상 과정만 잘 배워놔도 고등수학이 해볼 만할 것입니다. 하지만 중3상 과정의 공부가 잘 되어 있지 않은 경우에는 최대한 부족한 부분을 채우고 나서 고등수학을 시작해야 해요. 중3상 과정은 연산과 함수의 부분 내용이 모두 포함된 중요한 과정이기 때문입니다. 이 과정을 빈틈없이 잘 공부해두어야 고등수학을 잘할 수 있어요. 수학은 개념이 쭉 연결되어 있어서 앞부분이 부족하면 뒤에 가서도 잘 못한다고 하는데, 이는 바로 중3상 과정을 두고 하는 말입니다.

그렇다면 중1하, 중2하, 중3하, 중등 기하는 어떨까요? 중등수학의 절반을 차지하므로 중요하지 않은 부분은 없습니다. 그러나 우리의 목표는 좋은 대학의 원하는 과에 가는 것이고, 목표를 위해 고등학교 내신 성적과 수능 등급을 잘 받으면 됩니다. 현 상황에서는 중등수학의 상 과정들이 더욱 중요합니다. 하 과정은 학교 시험 기간에 충실히 하는 것으로 충분하지요. 중등 기하를 잘하는 것과 고등수학을 잘하는 것은 연관성이 그다지 크지 않아요. 물론 수학을 공부하는 동안에는 계산력과 사고력이 자연스럽게 확장되긴 합니다.

한때 기하 과정이 중요하던 시기가 있었습니다. 수능 과목에 기하가 있었고 난이도 또한 높았지요. 당시 기하는 중학교 때 배우는 중등 기하와 연결된 내용이 많았습니다. 하지만 현재 수능 시험에서는 기하가 선택과목이 되면서 어려운 부분이 빠지고 내용이 매우 쉬워졌지요. 따라서 중등 기하는 현재 고등수학에 직접적으로 연관이 되지는 않습니다. 하지만 내용에 관한 용어와 공식은 여전히 많이 따라다닙니다. 내신 준비 기간에 집중해서 공부하면 충분히 해결할 수 있을 정도의 수준입니다.

중3상에서 함수를 배울 때 고등수학 과정에서 나오는 지수함수, 로그함수, 삼각함수를 한꺼번에 다 배우면 좋다는 말도 있어요. 하지만 불가능합니다. 지나친 욕심일 뿐이에요. 수학은 단원이 더해질수록 새로운 정의를 배웁니다. 모든 과정에는 순서가 있어요. 정의를 배우고, 공식을 유도하여 증명하고 외운 다음에는 문제풀이를 해야 합니다. 이 과정을 생략한 채 함수라는 이름이 붙은 모든 단원을 한꺼번에 학습하면 혼란스러울 수밖에 없어요.

고등수학(하)의 함수 단원에는 이런 문제가 있어요.

"$y=x^2-4|x|+3$의 그래프를 그리시오." 이 문제는 $x\geq0$일 때의 그래프를 그리고, $x<0$인 경우는 y축 대칭을 이용해서 그리면 됩니다. 하지만 중3상 과정에서 대칭에 대해 제대로 배우지 않은 학생은 이 문제를 이해하지 못합니다. 선생님은 이 문제를 풀게 하기 위해 대

칭에 대해 아주 간략한 설명을 해줄 뿐입니다. 중3상 과정에서 이미 배운 부분이니까요.

이렇듯 수학은 앞에서부터 차곡차곡 개념을 쌓아가는 것입니다. 개념을 공부하는 데 있어 이후에 개념이 확장되어 나오는 단원이 있다면 다음 과정일지라도 그 단원의 문제들을 풀어보는 것이 좋습니다. 이렇게 공부한 학생은 이후에 이와 관련된 단원이 나오면 처음 배우는 단원들보다 훨씬 쉽게 문제를 풀 수 있을 것입니다.

대신 여러 과정의 진도를 동시에 나가거나 순서를 역행해서는 안 됩니다. 문제풀이보다 우선인 것은 정의, 성질, 용어, 공식에 대한 이해입니다. 이것들을 먼저 배우고 그것에 해당하는 문제들을 풀어봐야 합니다. 문제풀이를 통해 개념과 공식을 처음 공부하고 익히면 안 된다는 얘기입니다.

중1 때 배우는 내용부터 고3 때 배우는 내용까지 수학은 개념이 모두 연결되어 있어요. 각 단원에 나오는 개념과 공식을 충분히 익혀야 다음 단계의 개념과 공식을 배울 수 있다는 뜻입니다. 그런데 같은 개념과 공식을 활용하는 좀 더 심화된 문제라면 한꺼번에 배워놔도 괜찮습니다.

그러면 이후에 배울 고등수학이 쉬워질 테니까요. 하지만 다른 개념과 공식을 배워야 풀 수 있는 문제는 먼저 풀어서는 안 됩니다. 갈 길은 멀고 풀어야 할 문제도 많아요. 빨리빨리 해야 할 것은 하면 좋지만 그렇다고 순서에 맞지 않게 공부하면 안 됩니다. 이것은 수학에 있어서 정말 중요해요!

02 선행 진도계획표는 1년 단위로 세울 것

선행, 필요합니다. 꼭 해야 해요. 내신 등급과 수능 등급 모두 상대평가입니다. 상대평가라는 건 다른 학생보다 내가 더 잘해야 한다는 뜻이지요. 더 나은 등급을 받기 위해서는 공부를 더 많이 해야 합니다. 수학을 더 많이 공부한다는 것은 개념 진도를 더 빨리 나간다는 것과 같아요. 즉 수학에서 선행은 '개념 진도를 앞서 나가는 것'을 말합니다. 선행의 목적은 고등학교 내신 등급과 수능 등급을 잘 받는 것입니다. 수학의 모든 과정에 대해 심화 공부를 하자는 게 아니고요. 내신 과목 심화와 수능 과목 심화는 달라요. 심화는 심화 과정에 맞게 공부하면 됩니다.

선행 학습을 계획할 때 진도계획표는 1년 단위로 작성해야 합니다. 그렇게 고2 때까지만 계획하면 되지요. 고3 때는 수능 문제풀이

기간이므로 의미가 없으니까요. 1년의 진도계획표 안에는 학기가 두 번, 방학이 두 번 있고, 학기 중에는 학교 시험이 두 번씩 있습니다(중학교는 학교 시험을 안 보는 학년이 있어요). 방학 기간에는 선행과 다음 학기 내신을 위한 심화 학습을 하면 좋아요. 학기 중에 중학생은 내신과 선행, 고등학생은 내신 대비 공부만 하도록 해야 합니다. 이렇게 1년 단위로 선행 진도계획표를 작성해보세요. 그러면 고3 때까지 어떻게 공부할 것인지 전체적으로 생각하게 됩니다. 그리고 계획표를 만들었다면 무슨 일이 있더라도 꼭 실천하는 것이 가장 중요하겠지요. 지나간 시간은 절대 다시 돌아오지 않습니다.

중학생의 경우를 좀 더 구체적으로 살펴보면 보통 방학 기간에는 선행, 학기 중에는 선행과 내신 대비를 하면 됩니다. 교육 과정에 맞춰 중1상 → 중1하 → 중2상 → 중2하 → 중3상 → 중3하 순으로 진행하면 되지요. 개념은 이렇게 순서대로 연결되어 있으니까요.

중등수학 과정은 당장 내신이나 수능 시험과는 상관이 없어요. 따라서 착실히 공부하며 학교 시험을 잘 준비하면 됩니다. 중학생들은 학기 중에 선행과 내신을 모두 충실히 대비하기가 쉽지 않아요. 중2 학생들은 학기 중에는 내신에 집중하고 방학 때는 무조건 선행 학습만 하는 것으로 진도계획표를 작성하는 것이 좋습니다. 단, 중3 학생들은 예비 고1입니다. 고등학생과 같아요. 선행 학습을 한 학생은 현행 과정도 매우 잘합니다. 학교 시험이 어렵지 않게 되지요. 그러므로 학기 중에도 선행 위주로 진도계획표를 작성해야 합니다.

진도 계획을 어떻게 세워야 할지 가장 신중해야 할 학년은 중3입니다. 중3 시기가 제일 중요하고 또 그만큼 계획을 세우기도 가장 까다롭습니다. 중3 자녀를 둔 부모들도 진도 계획을 어떻게 세워야 할지 잘 모르는 경우가 많아요. 학원에서도 중3 학생들의 진도계획표 만들기가 가장 어렵습니다. 계획을 잘못 세우면 고등학교에 가서 낭패를 보기 십상이니까요.

고등학교에 가면 여유 있게 선행할 시간이 별로 없어요. 고1 여름 방학, 고1 겨울 방학, 고2 여름 방학밖에 없지요. 하지만 고등학교는 내신이 대학 입시와 직결되기 때문에 방학 때도 다음 학기 내신을 대비해야 합니다. 시간이 빠듯할 수밖에 없어요.

고1은 학기 중에 내신 공부밖에 못합니다. 따라서 여름 방학과 겨울 방학 때는 선행 학습을 해야 합니다. 고2 역시 학기 중에는 내신 대비에 집중할 수밖에 없어요. 고2는 내신 대비가 곧 수능 대비니까요. 따라서 고2들도 여름 방학을 이용해 선행 학습을 해야 하는데 이때쯤 되면 이미 선행 진도를 다 나가서 할 필요가 없는 학생들이 더 많습니다. 그런 학생들은 수능 대비 심화 과정을 공부하면 됩니다. 그래서 고2 학생들을 대상으로 하는 학원에서는 학기 중이나 방학 때 모두 수능 대비 수업으로 진행합니다. 이미 개념 선행이 되었다면 수능 대비가 빨라지는 것이고 그렇지 않다면 수능 대비가 늦

2023년 중학교 학년별 진도계획표의 예시

중학교 1학년

1학기 (3월~7월)	여름 방학 (7월~8월)	2학기 (9월~12월)	겨울 방학 (1월~2월)
중2상 + 중2상 심화	중2하 기본	중2하 심화 + 중3상 기본	중3상 심화(정규) + 중3하 기본(특강)

중학교 2학년

1학기 (3월~7월)	여름 방학 (7월~8월)	2학기 (9월~12월)	겨울 방학 (1월~2월)
중3상 기본 + 내신	중3상 심화(정규) + 중3하 기본(특강)	고등수학(상) 기본 + 내신	고등수학(상) 심화

중학교 3학년

1학기 (3월~7월)	여름 방학 (7월~8월)	2학기 (9월~12월)	겨울 방학 (1월~2월)
고등수학(상) 기본 + 내신	고등수학(상) 심화	고등수학(하)기본 + 고등수학(하) 심화 + 내신	고1 1학기 내신(고등수학(상)) + 수학1 기본(특강)

Point

1. 중학생은 학기 중에 내신 대비와 선행을 동시에, 방학 때는 선행.

2. 중2는 학기 중에 내신에 더 집중하고 방학 때는 무조건 선행.

3. 중3(예비 고1)은 가장 중요한 시기로 학기 중에도 선행 위주.

2023년 고등학교 학년별 진도계획표의 예시

고등학교 1학년

1학기 (3월~7월)	여름 방학 (7월~8월)	2학기 (9월~12월)	겨울 방학 (1월~2월)
고1 내신 (고등수학(상))	2학기 내신 (고등수학(하)) + 수학1 기본(특강)	고1 내신 (고등수학(하))	고2 1학기 내신(수학1) + 수학2 기본(특강)

고등학교 2학년

1학기 (3월~7월)	여름 방학 (7월~8월)	2학기 (9월~12월)	겨울 방학 (1월~2월)
고2 내신 (수학1)	2학기 내신(수학2) + 미적분 기본(특강)	고2 내신(수학2)	수학1 수학2 수능대비 문제풀이(정규) + 미적분 심화(특강)

고등학교 3학년

1학기 (3월~7월)	여름 방학 (7월~8월)	2학기 (9월~11월)
수학1 수학2 + 선택과목 수능 대비	수능 대비 문제풀이 final	수능 대비 final 점검

Point

1. 고등학생은 내신 대비가 곧 수능 대비이므로 학기 중 내신에 집중.

2. 고1은 학기 중엔 내신, 방학 때 선행.

3. 고2는 학기 중엔 내신, 방학 때 수능 대비 심화.

4. 고3은 수능 대비.

어지면서 진도계획표에서부터 차이가 나게 됩니다.

물론 진도계획표대로 진행하다가 다음과 같은 이유로 수정되는 경우도 있어요. 첫째, 시험 성적이 안 좋아서 해당 과정을 다시 수강해야 하는 경우, 둘째, 시험 성적이 너무 좋아서 다음 단계로 넘어가는 경우, 셋째, 방학 때 개념과 심화(예를 들어 고등수학(하) 개념과 고등수학(상) 심화)를 동시에 진행해서 진도가 빠르게 나간 경우, 넷째, 문과에서 이과로, 이과에서 문과 등으로 진로를 바꾼 경우입니다. 이런 경우 진도계획표를 수정해야 하지만 큰 틀은 변하지 않습니다.

진도계획표는 1년 단위로 짜야 한다

진도계획표는 1년 단위로 작성한 후에 점검하고 다시 1년 단위로 작성합니다. 그 기준이 되는 시점은 3월 신학기입니다. 그리고 선행 학습을 시작하면 그 과정이 다 끝날 때까지 한 학원을 다니는 것이 좋아요. 중간에 학원을 옮기면 본인 진도에 맞는 학원 찾기가 힘들어지니까요. 예전에 고등수학(상)을 배우다가 계속 학원을 옮겨서 처음부터 다시 진도를 나가는 바람에 고등수학(상) 앞부분만 네다섯 번씩 했다는 학생도 봤습니다. 고등수학(상) 앞부분은 쉬워요. 이 학생은 같은 단원을 반복해서 공부하느라 지루했을 뿐만 아니라 다른 단원들을 배울 수 있는 배움의 기회마저 놓친 것입니다. 이런 경우 그저 시간이 너무 아까울 뿐입니다. 이러한 시행착오를 피하기 위해서라도 1년 단위의 선행 진도계획표를 만들어야 합니다. '개념과 심화 중에 어떤 공부를 먼저 해야 할까?' '개념 학습은 어떤 교재로 공부하면 좋을까? 또 심화는 어떤 교재로 공부하면 좋을까?' 학생의 수준에 맞춰서 이러한 세부 내용을 정해야 선행 진도계획표를 작성할 수 있어요. 물론 개념 공부를 먼저 하고 심화를 하는 것이 바람직합니다. 교재도 학생의 수준이 다 다르기 때문에 잘 선택해야 하는데, 대체로 교재 내용에서 시험을 치렀을 때 70점 정도의 성취율을 보이면 그 교재를 선택해도 됩니다. 성취율이 이보다 낮으면 해당 교재는 학생에게 어렵기 때문에 좀 더 쉬운 난이도의 교재를 선택해야 합니다.

이제부터라도 1년 단위로 선행 진도계획표를 만들어봅시다. 중간에 수정해도 좋으니 앞으로는 나가도 후퇴는 하지 않는 계획표가 되어야 합니다. 중1 때 시작한다고 해도 여섯 번만 만들면 됩니다. 대신 잘 만들어야겠지요. 지나고 나서 후회되는 것은 돌이킬 수 없는 시간입니다. '그때 공부 좀 더 많이 할걸' 하는 후회가 없도록 학기 초에 신중하고 꼼꼼하게 선행 진도계획표를 만들어서 실천해보세요. 원하는 대학, 원하는 과에 들어갈 수 있는 기회가 눈앞에 보다 선명하게 그려질 것입니다.

03 이과 수학에서 선행 학습은 필수

공부할 양도 많고 경쟁도 더 치열한 이과 수학은 빠른 개념 이해가 필요하므로 선행 학습이 필수입니다.

예전에 여름 방학 특강을 듣던 고2 학생이 있었습니다. 수학적인 재능이 뛰어났지만 선행 학습이 전혀 되어 있지 않았지요. 여름 방학 때 처음으로 학교의 다음 학기 시험 과정을 선행으로 공부했습니다. 고2 학생들은 여름 방학이 되면 대부분 수능 대비 수업을 듣는 데 말입니다. 반대로 수학적 재능은 조금 부족하지만 성실하게 선행 학습을 통해 개념 진도를 나간 학생이 있었습니다. 고2 여름 방학 때 수능 시험의 웬만한 기출 문제는 다 풀어보았지요.

두 학생 가운데 입시 결과가 더 좋은 학생은 당연히 선행으로 미리 개념 진도를 나간 학생이었습니다. 물론 수학적 재능이 좋은 학생이 진도는 조금 늦어도 열심히 하면 선행 학습을 한 학생을 따라잡을 수도 있었을 것입니다. 하지만 고2라는 상황에서는 한계가 있어요. 수능 시험 준비 기간이 1년 3개월밖에 남지 않았고, 그 남은 시간에 수학만 공부할 수도 없으니까요. 게다가 수학은 공부하는 시간이 가장 많이 걸리는 과목이기도 합니다.

다만 문과 학생은 상황이 달라요. 이과보다 수업 과정이 짧고 학습량에서도 차이가 납니다. 현재 내신은 문 · 이과 통폐합으로 문 · 이과 학생 모두 함께 산정합니다. 문과 학생은 개념 선행이 조금 늦더라도 수업 과정이 짧아 크게 영향을 받지 않습니다. 그때그때 충실히 공부해도 될 정도지요. 꾸준히만 하면 수능 1등급도 받을 수 있어요. 문과 학생들은 수학을 뛰어나게 잘하기보다 꾸준히 하기만 하면 됩니다.

하지만 이과 학생은 사정이 다릅니다. 이과에서는 수학이 전부예요. 이과를 지망한 학생은 선행 진도계획표를 늦어도 중3 때부터는 작성해야 합니다. 현재 고1이나 고2라면 어쩔 수 없어요. 현재 상태에서 최선을 다하는 수밖에 없지요. 1년 단위의 진도 계획은 수학적 재능과 무관합니다. 수학적 재능이 부족할수록 오히려 개념 진도를 더 빨리 나가야 합니다. 수학에 재능 있는 학생들이 버스를 타고 갈 때 수학적 재능이 부족한 학생은 비행기라도 타고 가야 종착점이 비슷할 수 있어요. 수학적 재능이 부족해 속도가 안 나는 학생이 자전거나 버스를 타고 가면 수학에 재능 있는 학생을 절대 따라잡을 수 없습니다.

"이과 학생은 중3 때 개념 진도를 어디까지 나가야 할까요?"라고 묻는다면 정답은 하나입니다. "최대한 많이, 무조건 많이"입니다. 개념만 공부하면서 진도를 나가도 되고, 개념과 심화를 함께 공부하면서 진도를 나가도 됩니다. 상관없어요. 일단 개념 진도를 미적분까지는 나가야 한다고 말합니다. 이때는 학생 수준도 상관없어요.

중3은 그나마 좀 나아요. 고1 때 이과를 지망했다가 문과로 바꾸는 경우가 의외로 많아요. 학교에서 교과서를 주문해야 한다고 하니 그때서야 상황 파악이 되기 시작하는 것입니다. 고1 때 이과에서 문과로 바꾸는 이유는 보통 두 가지입니다. 갑자기 본인의 장래희망이 바뀐 게 아닙니다. 첫째는 학교 내신 성적을 받아보니 수학에 자신이 없어져서이고, 둘째는 이과를 지망한 친구들보다 수학 진도가 너무 늦어서입니다.

이렇듯 수학 진도가 늦으면 수능 등급을 잘 받을 확신이 없기 때문에 자연스레 이과를 포기하게 됩니다. 그리고 개념 진도를 많이 나간 학생이 내신 시험에서도 문제를 더 잘 풉니다. 개념을 더 많이 배웠기 때문에 상위 개념을 활용하면 문제가 더욱 쉽게 풀리는 것이지요. 가령, 고등수학(상) 과정에서 "다항식 x^4+2를 $(x-2)^2$으로 나눈 나머지를 구하라"라는 문제가 나옵니다. 이때 개념서를 살펴보면 풀이가 열한 줄인데, 이 문제를 미분을 활용해서 풀면 단 세 줄이면 됩니다. 매우 쉽게 문제가 해결되는 것이지요. 이렇게 개념 진도를 많이 나간 학생은 풀이에 활용할 수 있는 공식을 더 많이 알게 됩니다. 수학이 갑자기 쉬워지는 셈입니다.

선행 학습으로 시간을 관리하자

선행 학습을 한 중학생이 고등학교에서 배우는 개념을 활용해 문제를 풀었다고 해서 문제를 틀리게 푼 것이 아닙니다. 수학적 재능이 부족한 학생이 선행 학습을 통해 상위 개념을 활용하여 이러한 문제를 1분 만에 풀고, 선행 학습의 필요성을 느끼지 못했던 수학적 재능이 좋은 학생이 같은 문제를 하위 개념으로 4분 동안 푸는 현상이 실제로 일어납니다. 고1 중간고사 때부터 나타나는 현상입니다. 선행 학습을 한 학생과 그렇지 않은 학생이 있을 때 고등학교 첫 내신 시험에서부터 차이가 벌어지는 것입니다.

중3 때 적어도 미적분까지는 개념 진도를 나가는 것이 좋다고 한 이유는 미적분이 가장 어렵기 때문입니다. 중3 때 고등수학(상)과 고등수학(하) 과정만 개념, 심화로 반복하지 말고, 개념 학습 진도를 최대한 많이 나가야 합니다. 그렇게 할 경우 학생이 수학적으로 개념이 확장되어 문제풀이가 쉬워집니다. 또한 고등학교에 가서 어려운 미적분 개념을 차분히 공부할 시간이 없다는 것도 이유입니다. 보다 여유 있는 중3 때 개념 진도를 확실히 나가야 하는 것이지요. 그러면 고등학교에 올라가서 수학을 공부하는 시간이 좀 더 여유로워지고 다른 과목을 공부할 여유도 생깁니다.

이과 수학, 참 할 것도 많고 방대합니다. 내용도 어렵습니다. 수학 잘하는 학생이 이과에 더 많기도 하고요. 수학으로만 대학을 가는 것은 아니지만 수학 때문에 다른 과목을 발목 잡아서도 안 됩니다. 개념 진도가 늦으면 고등학교에 가서 수학이 다른 과목에 피해를 주게 되지요. 다시 한 번 말하지만 고등학교에 가면 학기 중에는 내신 대비밖에 할 수 없어요. 내신 등급을 잘 받아야 좋은 대학에 갑니다. 고등학교 학기 중에는 선행 학습을 못하고 방학을 이용해야 하는데 고2 겨울 방학 때까지 수능 대비 문제풀이를 다 끝내야 합니다. 이제 어떻게 준비해야 하는지 감이 좀 잡힐 거예요. 이과를 선택한 학생이라면 책임 있는 선행 학습을 미리미리 해야 한다는 걸 기억하세요.

04 방학은 수학 실력 향상의 최적기

방학이 다가오면 부모들의 마음은 더 바빠집니다. 방학 때 수학 공부를 많이 시켜야 하는데 어떻게 하면 좋을지 고민이 많아지기 때문입니다. 이 학원 저 학원 설명회도 다녀보고 기말고사가 끝나면 학생을 데리고 학원 테스트도 많이들 다닙니다. '선행을 해야 할지, 다지기를 해야 할지' '학원에 보냈더니 개별 관리가 잘 안 되는 것 같은데 과외를 시켜야 할지' '과외를 하고 있는데 진도가 잘 안 나가니 학원으로 다시 바꿔야 할지' 등등을 고민하느라 그 어느 때보다 바쁘지요.

이렇듯 수학 공부에 있어서 방학은 매우 중요합니다. 수학 실력의 반전을 도모하기에 가장 좋은 때이지요. 학기 중에는 아무래도 어렵습니다. 수학 실력은 방학 때 어떻게 공부하느냐에 따라 달라진다고 해도 과언이 아니에요. 물론 열심히 하면 되지만 그뿐만이 아니라 잘해야 합니다. 진도 계획을 잘 세우고 교재도 잘 선택해야 하지요. 예를 들어 선행 학습으로 개념 진도를 어느 정도 끝낸 학생이 고1 내신 대비 준비를 할 때 《수학의 정석》과 《쎈 수학》 같은 교재만으로 공부하면 내신 1등급은 받기 어렵습니다. 내신 심화 학습이 반드시 필요하지요.

방학 기간의 진도 계획은 앞서 소개한 것처럼 중학생과 고등학생이 다릅니다. 중학생은 교과 과정 순서대로 선행 학습을 하면 되지만 중3 겨울 방학 때부터는 선행 학습과 다음 과정인 고1 1학기 내신 공부를 병행해야 합니다. 방학 기간에 다음 학기 내신 심화 공부를 하지 않으면 좋은 내신 등급 받기가 쉽지 않아요. 중3 겨울 방학 때는 고등수학(상) 내신, 고1 여름 방학 때는 고등수학(하) 내신, 고1 겨울 방학 때는 수학1 내신, 고2 여름 방학 때는 수학2 내신, 이과인 학생은 고2 겨울 방학 때 미적분 내신 공부를 해놓아야 합니다.

수학은 예습이 복습보다 중요하다

수학에서 선행은 있어도 후행은 없어요. 후행을 해야 하는 경우는 외국에서 살다가 온 지 얼마 안 되어 해당 학기의 학습이 전혀 되어 있지 않아 다음 진도를 나갈 수 없는 특수한 경우입니다. 그렇지 않고 한국에서 계속 공부한 학생이라면 후행은 하지 않는 편이 좋아요. 중2인데 1학기 중2상 내신 시험을 너무 못 봤다고 여름 방학 때 중2상 복습을 시키려는 부모들이 있습니다. 그러나 학교에 정상적으로 다니고 있고 이미 학교 시험을 치렀기 때문에 그래도 어느 정도는 중2상에 대한 개념이 있어요. 1학기 내내 중2상을 공부했는데 여름 방학 때 또 중2상을 공부하라고 하면 공부 의욕이 꺾입니다. 이런 경우에는 무조건 중2하 과정을 나가야 합니다. 방학 때는 선행을 하는 것이 맞아요. 또는 개념에 대한 심화 학습을 할 수도 있습니다. 단, 후행은 안 됩니다.

방학 때만 되면 학원과 과외로 자녀의 스케줄을 빽빽하게 채워놓는 부모들이 많아요. 그러나 그렇게 공부하는 것은 절대 효과가 없습니다. 학원 수업 시간의 두세 배 시간을 스스로 공부하는 시간으로 만들어야 효율적으로 공부할 수 있어요. 본인의 개념 진도에 맞게 선행 학습이나 내신 공부를 하면서 알찬 결과가 나오도록 컨디션을 잘 유지해야 합니다. 욕심이 현실을 앞서면 안 돼요. 아무런 욕심이 없는 것보다는 낫겠지만 넘치는 것도 좋지 않아요. 길게 내다보고 적정한 선을 지켜야 꾸준히 할 수 있습니다.

수학 실력의 반전을 꾀할 수 있는 최적의 시기는 방학 때이고 그중에서도 겨울 방학은 매우 중요합니다. 새 학년이 시작되기 전이라

긴장도 많이 되는 시기입니다. 하지만 새로운 각오로 방학에 앞서 자신의 수준과 진도 상황을 정확히 판단해서 작전을 잘 짜야 해요. 중요한 시기인 만큼 목표를 잘 설정하고 좋은 동기 부여를 찾아 후회 없는 방학을 보내야 합니다. 수학을 공부하는 학생들에게 방학은 절호의 기회입니다.

05 선행 학습은 무조건 옳다

많은 사람들이 묻습니다. "선행 학습이 과연 필요할까요?" 선행은 해도 곧 잊어버리므로 하지 않아도 된다는 의견도 있지요. 선행 학습에 대해서는 언제나 의견이 분분합니다. 그러나 학원에서 많은 아이들을 가르쳐본 경험상 선행 학습을 한 경우가 안 한 경우보다 수학 실력이 더 좋아요. 여기서 수학 실력이란 고등학교 내신 성적과 수능 등급을 말합니다. 수학을 미리미리 공부해두면 상대적으로 다른 과목을 공부할 수 있는 여유가 생기고 결과적으로 모든 과목에서 점수가 잘 나오도록 이끌어주지요. 따라서 선행 학습은 무조건 옳습니다.

중3이 되면 학원에서는 내신보다 선행 과정에 치중합니다. 학원에서의 반 구성은 고등수학(상)부터 미적분까지 모든 과정이 다 있어요. 물론 선행 진도를 나가면서 시험 기간에는 모든 반이 같은 문제로 모의 시험을 봅니다. 중3 1학기 내신 시험 범위는 중3상 과정이므로 해당 내용을 테스트해보면 매년 똑같은 상황이 벌어집니다. 고등수학(상) 반부터 미적분 반까지 반 평균이 상승 가도를 달리지요. 선행을 많이 한 학생은 하위 개념인 중3상 과정이 쉬울 수밖에 없습니다.

선행 학습을 한다는 것은 중고등수학 개념을 미리 배운다는 뜻입니다. 선행 학습을 하면 새로운 개념을 계속해서 배우게 되는 것이지요. 더 많은 개념을 배워나가기 때문에 중3상까지 배운 개념으로 풀 수 있는 방법이 한 가지라면 미적분까지 배운 학생은 풀 수 있는 방법이 두세 가지일 수 있어요. 상위 개념으로 풀면 풀이도 훨씬 간단해집니다. 현재 학교에서 치르는 시험이 중3상 과정이라고 해서 해당 학년 교과에 나오는 개념으로만 문제를 풀 필요는 없어요. 고등학교에서 배우는 상위 개념을 활용해도 됩니다. 선행 학습이 옳은 첫 번째 이유입니다.

수학적 재능을 타고난 학생은 수업 시간에 설명만 듣고도 집에서 숙제하는 시간이 1시간이 채 안 걸리고 다음 날 시험도 잘 봅니다. 그러나 수학적 재능이 부족한 학생은 서너 시간 동안 숙제를 해도 다음 날 시험을 보면 문제를 잘 풀지 못합니다. 이런 학생들이 수학을 잘하기 위한 방법 중 하나가 바로 선행 학습입니다. 대부분의 부모들은 수학을 못하는 자녀에게 선행 학습을 시키려고 하지 않지요. '학교 수업도 따라가기 벅찬데 무슨 선행이냐'는 심리 때문입니다. 그러나 선행으로 새로운 개념을 계속 배우게 해야 합니다. 그러다 보면 어느 순간 사고가 트이고 어렵다고 생각했던 문제가 쉽게 풀립니다. 어차피 배워야 할 개념들입니다. 선행 학습을 많이 하면 스스로 만족감도 느끼고 자신감도 생깁니다. 선행이 옳은 두 번째 이유입니다.

고등학교에 가기 전까지 개념에 대한 선행 학습은 필수입니다. 심화는 꼭 안 해도 되고요. 고등학교에 가서 내신 대비에 집중할 것인지 수능 대비에 집중할 것인지에 따라 심화 학습 교재가 달라지기 때문입니다. 고등학교에 가기 전까지는 심화 학습에 치중하기보다 개념과 공식을 확실하게 익히고 그 유형에 대한 문제풀이를 착실히 해나가면 됩니다. 개념 학습이 선행되어 있다면 고1 때 내신 심화 학습을 바로 시작할 수 있어요. 그렇지 않으면 개념 학습을 하고 그다음 심화 학습을 해야 하는데 그럴 만한 충분한 시간이 없다는 것이 문제지요. 또 수능 대비에 있어 개념 학습이 선행되어 있는 학생은 고2 때 바로 수능 대비 문제풀이로 들어갈 수 있습니다. 남들보다 수능 시험 준비가 더 빨리 되어 있으니 안정된 수능 등급을 받을 수 있지요. 선행이 옳은 세 번째 이유입니다.

선행 학습이 대학을 좌우한다

중3 때 선행 학습을 많이 한 학생들이 대체로 좋은 대학에 갑니다. 중3을 예비 고1이라고 부르듯이 고등학교에서 치르는 시험에 대한 준비를 해야 하는 학년인 셈입니다. 중학교 2년, 고등학교 4년이라고 생각하면 중3 때의 선행 학습이 얼마나 중요한지 실감할 수 있을 거예요. 고등학교에서 받는 내신 성적과 수능 성적은 중3 때 공부한 내용을 바탕으로 정해진다고 해도 과언이 아닙니다. 이런 이유로 수학 공부에 있어서 중3 시기는 상당히 중요합니다.

선행 학습을 이렇게 강조하는 이유는 착실한 선행 학습으로 원하는 입시에 성공한 학생들을 그동안 많이 만나왔기 때문입니다. 반면 선행 학습을 하지 않아 고등학교 때 너무나 힘들어하는 학생, '저학년 때 선행 학습을 해놓았으면 수능 점수가 더 잘 나왔을 텐데' 하며 아쉬워하는 학생들을 너무도 많이 지켜보며 안타까웠습니다. 이러한 시행착오를 피하려면 체계적인 선행 학습을 반드시 해야 합니다. 그러나 중1 또는 중2 학생들은 선행 개념을 받아들이는 데 있어 아직 서툴기 때문에 선행 학습을 너무 서두르지 않는 편이 좋아요. 자칫하면 수학을 싫어하게 될 수도 있기 때문입니다. 아직 수학적 인지 능력이 발달하지 않아 어려운 개념을 받아들이기 어려울 수도 있어요. 중3 때부터 속도를 내도 전혀 늦지 않습니다.

이밖에도 선행 학습을 할 때 주의해야 할 점이 있어요. 교과 과정 순서대로 해야 한다는 것입니다. 단원별로 끊어서 공부해서는 절대 안 됩니다. 예를 들어 고등수학(하)에서 함수를 배우면서 수학1의 지수 로그함수, 삼각함수, 심지어 미적분의 $y=e^x$의 그래프까지 동시에 공부하는 경우가 있는데 절대 권하지 않습니다. 개념 정리는 물론 문제풀이도 되지 않고 뒤죽박죽 엉망이 될 뿐이에요. 수학은 개념 학습, 공식 암기, 문제풀이가 동시에 이루어져야 한다고 했지요? 문제풀이가 안 되는 개념, 공식 공부는 전혀 의미가 없어요.

그런데 안타깝게도 이렇게 공부하는 학생들이 의외로 많아요. 고등수학(상)과 고등수학(하) 과정을 동시에 배우거나 수학2와 미적분을 동시에 배우기도 합니다. 제대로 공부한 시간이라고 할 수 없어요. 이렇게 공부한 학생들에게 나중에 문제를 풀어보라고 하면 못 풉니다. 수학은 한 과정이 끝나고 다음 과정이 시작될 때마다 개념이 순서에 따라 연결되고, 뒤에 나오는 과정의 문제들은 앞 과정에서 배운 개념과 공식들을 활용해서 풀게 되어 있기 때문입니다. 앞 과정을 다 배우지 않은 상황에서 뒤에 나오는 과정의 문제를 어떻게 풀 수 있겠어요? 불가능합니다.

그렇다면 지금 고1이나 고2가 되어 선행 학습을 할 시간이 없는 학생들은 어떻게 해야 할까요? 개념 학습과 심화 학습을 동시에 해야 합니다. 고1은 내신 심화, 고2는 수능 대비 심화를 하는 것입니다. 개념 학습을 하고 나서 심화 학습을 하는 것이 일반적이지만 시간이 없다면 함께하는 것도 방법입니다.

선행 학습은 정말 중요해요. 현행을 열심히 하는 것도 중요하지만 선행도 그에 못지않게 중요합니다. 지금 바로 앞에 있는 시냇물만 보지 말고 시냇물이 흘러 강이 되고 바다가 된다는 사실을 기억하세요. 목표 지점까지 큰 그림을 그려서 계획하고 준비해야 합니다. 당장의 학교 진도도 중요하지만 결국 우리의 목표는 고등학교 내신과 수능 시험입니다. 허둥지둥 헤엄쳐서 바다를 건너는 것이 아니라 미리 준비한 멋진 요트를 타고 유유히 바다를 건너는 게 더 좋지 않을까요? 미리미리 공부할수록 더 여유로워집니다.

수학은 선행이다 | 핵심 요약 노트

- **수학의 개념은 중1부터 고3 때까지 연결된다.** 즉 중등수학의 중1상 과정부터 고등수학의 수학1, 수학2, 미적분까지 연결되는데, 중등수학에서는 인수분해와 함수 단원이 있는 중3상 과정이 가장 중요하다. 고등수학은 대부분이 함수이기 때문이다. 중등 기하는 현재 고등수학에 직접 연관되지는 않지만 관련 용어와 공식은 계속 따라다닌다. 따라서 내신 기간에 집중해서 공부하면 그것으로 충분하다.

- **선행 진도계획표는 1년 단위로 만들어야 한다.** 방학 기간에는 선행과 다음 학기 내신 심화 공부를 하도록 계획을 세운다. 학기 중에 중학생은 내신과 선행, 고등학생은 내신 대비 공부만 하도록 계획을 세우는 것이 좋다. 진도계획표가 수정되는 경우는 시험 성적이 좋지 않아서 해당 과정을 다시 공부해야 하는 경우, 시험 성적이 너무 좋아서 다음 과정으로 넘어가는 경우, 방학 때 개념과 심화 학습을 동시에 진행해서 진도가 빠르게 나간 경우, 문과에서 이과로 혹은 이과에서 문과로 진로를 바꾼 경우다.

- **이과 수학은 선행 학습이 필수다.** 이과를 지망하는 학생은 진도계획표를 중3 때부터 만들어 체계적으로 학습해야 한다. 수학적 재능이 부족할수록 선행 학습을 통해 개념 학습 진도를 더 빨리 나가는 것이 좋다. 개념 학습 진도가 늦으면 고등학교에 가서 수학이 다른 과목에 피해를 주게 될 수도 있다. 고등학교 학기 중에는 선행 학습을 할 시간이 없어 방학을 활용해야 하는데, 늦어도 고2 겨울 방학 때까지는 수능 대비 문제풀이를 다 끝내야 한다.

- **방학은 수학 실력의 반전을 도모할 수 있는 매우 중요한 때다.** 중3 겨울 방학 때는 고등수학(상) 내신, 고1 여름 방학 때는 고등수학(하) 내신, 고1 겨울 방학 때는 수학1 내신, 고2 여름 방학 때는 수학2 내신을 공부해야 하며 이과 학생들은 고2 겨울 방학 때 미적분 내신 공부를 해놓는 것이 좋다.

- **수학 실력을 향상시키는 데 있어 선행 학습은 무조건적으로 도움이 된다.** 수학 공부를 미리 해둠으로써 다른 과목을 공부할 수 있는 상대적인 시간도 늘어난다. 또한 같은 문제라도 상위 개념으로 풀면 풀이가 훨씬 간단해지고 속도도 빨라진다. 선행 학습을 통해 새로운 개념을 계속 배워나가면 어느 순간 사고가 트이고 문제가 더 쉽게 풀리기 때문에 스스로 만족감을 느끼고 자신감도 생긴다. 선행 학습으로 수능 과정의 개념 학습이 충분히 되어 있다면 고2 때 바로 수능 대비 문제풀이를 시작할 수 있다. 단, 선행 학습을 할 때는 교과 과정 순서대로 해야 하며 단원별로 끊어서 공부해서는 절대 안 된다.

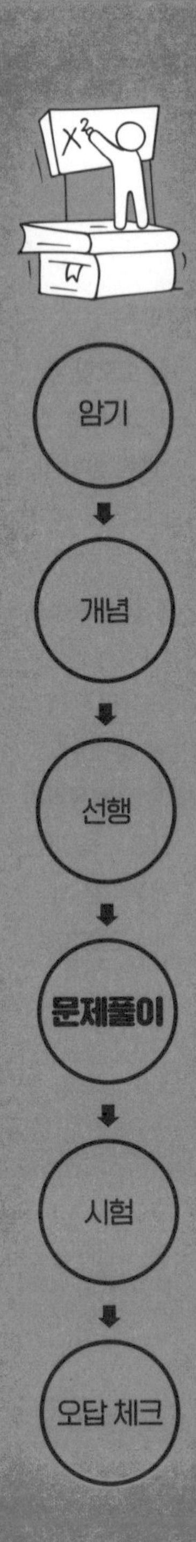
암기
개념
선행
문제풀이
시험
오답 체크

4장

수학은 '문제풀이'다

줄 있는 노트를 활용하여 문제집 한 권을 반복해서 풀어라.
"틀린 문제가 단 하나도 없을 때까지!"

01 문제풀이를 위한 준비단계, 백지테스트

지금까지 테스트라 하면 객관식 또는 단답형과 서술형 이렇게 세 가지로 답을 내는 방식에 익숙할 것입니다. 여기에 '백지테스트'를 추가해봅시다. 준비물은 백지(A4 용지)와 필기도구만 있으면 끝입니다. 정해진 형식도 없고, 시간제한도 없습니다. 각자 편한 방법으로 배운 내용들을 스스로 쭉 정리하듯 백지에 써보는 것입니다.

백지테스트를 왜 해야 할까요? 일선 학교에서 실시하는 테스트 유형도 아닌데 말이지요. 백지테스트는 학교 시험을 잘 보기 위한 일종의 자가 점검입니다. 백지테스트를 하지 않으면 수학 개념이 강화될 수 없어요. 수시로 백지테스트를 하다 보면 머릿속에 개념이 얼마나 탄탄해지는지, 문제풀이가 얼마나 쉬워지는지 머지않아 확인할 수 있을 거예요. 누구의 지시 없이도 한 단원이 끝날 때마다 백지테스트를 스스로 해본다면 개념과 공식을 보다 확실하게 내 것으로 만들 수 있습니다.

백지테스트에 딱히 정해진 형식은 없지만 그래도 어떤 내용이 들어가면 좋을지 작성 요령을 간단하게 알아봅시다. 수학은 기본적으로 기초 개념을 알아야 그것을 토대로 답을 이끌어낼 수 있어요. 알아야 할 그 무엇, 바로 그 기초 개념을 스스로 백지에 정리해보는 것입니다.

일단 소단원별로 테스트를 진행하는 것이 좋습니다. 한 단원 안에 있는 정의와 성질, 개념과 공식을 모두 정리해서 써보고 교과서나 개념서와 비교해보세요. 빠진 내용을 채워 넣은 뒤 틀린 부분이 있는지 다시 한 번 살펴보며 정리합니다. 이것이 백지테스트의 가장 기본이자 최소한의 단계일 것입니다. 백지테스트는 개념서로 공부를 하고 나면 소단원별로 꼭 해야 하는 테스트입니다. 백지테스트를 통해 개념이 제대로 머릿속에 정리되어 있는지, 그 개념으로 최소한의 문제를 풀어낼 수 있는지 확인해보는 것이지요.

한 단원을 끝내고 백지테스트로 점검해보면 자연스럽게 깨닫게 될 거예요. 네, 맞아요. 외우지 않으면 절대로 백지테스트를 할 수 없어요. 앞서 언급한 대로 백지테스트란 정의와 성질, 개념과 공식들을 백지에 스스로 정리하는 과정이니까요. 개념서를 공부하는 것과 백지에 테스트 형식으로 써보며 정리하는 것은 별개입니다. 미리 외워놓지 않으면 테스트가 불가능하지요. 그러므로 수학은 공부하면서 이해된 내용을 최대한 외워야 합니다. 외워놓지 않은 수학은 머릿속에서 바로 꺼내 쓰기가 쉽지 않아요.

백지테스트로 소단원의 개념과 공식을 정리할 수도 있고([4-1]), 유형별 문제를 정리할 수도 있어요([4-2]). 스스로 백지에 문제를 만들거나 외운 문제를 쓰고 문제풀이를 하는 방법이지요. 또 한 과정이 끝나면 그 과정의 목차를 외워서 써볼 수도 있습니다([4-3]). 이 밖에도 다양한 백지테스트 유형을 만들어 실시해보세요.

자가 점검을 위한 백지테스트는 기본적으로 학생 스스로 할 수 있고, 또 스스로 해야 하는 테스트지만 처음부터 혼자 진행하는 것이 어려울 수도 있어요. 따라서 처음에는 선생님이나 부모님의 도움을 받는 것도 좋습니다. 테스트 후에 채점은 빨간색 펜으로 부족한 내용을 정정하거나 보충해주면 되지요. 테스트 한 A4 용지는 각 개념이 모두 정리되고 암기될 때까지 파일에 모아두세요.

한 단원의 공부를 끝낸 학생에게 갑자기 백지를 주고 정의와 개념, 공식을 정리해보라고 하면 거의 대부분 쓰지 못합니다. 쓰기는 써도 제대로 못 쓰는 경우가 많지요. 그렇다면 그 단원에 대해 완벽하게 안다고 할 수 없어요. 단원 안에 나오는 개념과 공식을 순서대로 빠짐없이 다 쓸 수 있어야 합니다. 이렇게 할 수 있으려면 그 단원을 처음 공부할 때부터 개념과 공식을 철저히 익히고 외워야 하

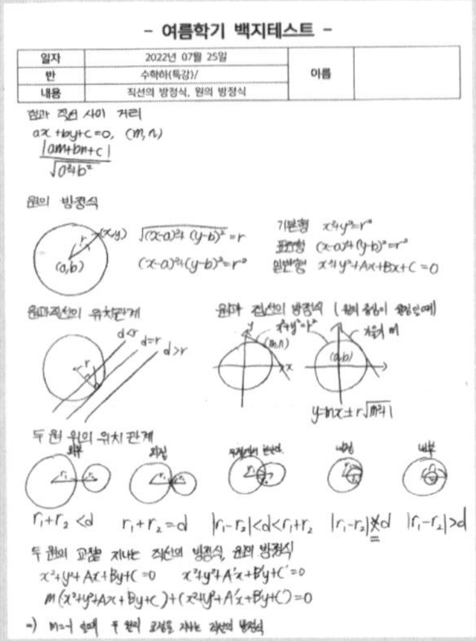

- 여름학기 백지테스트 -

일자	2022년 07월 25일	이름	
반	수학하(특강)/		
내용	직선의 방정식, 원의 방정식		

점과 직선 사이 거리

$ax+by+c=0$, (m, n)

$\frac{|am+bn+c|}{\sqrt{a^2+b^2}}$

원의 방정식

(x, y), r, (a, b)

$\sqrt{(x-a)^2+(y-b)^2}=r$

$(x-a)^2+(y-b)^2=r^2$

기본형 $x^2+y^2=r^2$

표준형 $(x-a)^2+(y-b)^2=r^2$

일반형 $x^2+y^2+Ax+Bx+C=0$

원과 직선의 위치관계

$d<r$, $d=r$, $d>r$

원과 접선의 방정식 (원의 중심이 원점일 때)

$x^2+y^2=r^2$, (m, n), 기울기 m, (a, b)

$y=mx\pm r\sqrt{m^2+1}$

두 원 원의 위치 관계

외부, 외접, 두 점에서 만난다, 내접, 내부

$r_1+r_2<d$ $r_1+r_2=d$ $|r_1-r_2|<d<r_1+r_2$ $|r_1-r_2|=d$ $|r_1-r_2|>d$

두 원의 교점을 지나는 직선의 방정식, 원의 방정식

$x^2+y^2+Ax+By+C=0$ $x^2+y^2+A'x+B'y+C'=0$

$m(x^2+y^2+Ax+By+C)+(x^2+y^2+A'x+B'y+C')=0$

→ $m=-1$ 일때 두 원의 교점을 지나는 직선의 방정식

[4-1]

'원의 방정식' 개념과 공식을 정리한 백지테스트.

- 여름학기 백지테스트 -

일자	2022년 8월 3일(수)		이름	
반	수학하(특강)반	선생님		
내용	명제의 증명			

절대부등식의 증명

① 실수(식)의 대소비교

i) A에서 B를 뺀다.

예) $a>b$, $x>y$

$2(ax+by)$, $(a+b)(x+y)$

$2(ax+by)-(a+b)(x+y)$

$=2ax+2by-ax-ay-bx-by$

$=ax-ay-bx+by$

$=a(x-y)-b(x-y)$ [$a-b>0$, $x-y>0$]

$=(a-b)(x-y)>0$

$\therefore 2(ax+by)>(a+b)(x+y)$

ii) A^2에서 B^2을 뺀다 (제곱해서 뺀다) 조건 $A\ge0$, $B\ge0$

예) $a\ge0$, $b\ge0$

$\sqrt{2(a+b)}$, $\sqrt{a}+\sqrt{b}$

$\{\sqrt{2(a+b)}\}^2-(\sqrt{a}+\sqrt{b})^2$

$=2a+2b-a-b-2\sqrt{ab}$

$=a-2\sqrt{ab}+b$

$=(\sqrt{a})^2-2\sqrt{ab}+(\sqrt{b})^2=(\sqrt{a}-\sqrt{b})^2\ge0$

$\therefore \sqrt{2(a+b)}\ge\sqrt{a}+\sqrt{b}$

iii) A와 B를 나누어 1과 비교한다 조건 $A>0$, $B>0$

예) 3^{20}, 10^{15}

$\frac{3^{20}}{10^{15}}=\frac{9^{15}}{10^{15}}=(\frac{9}{10})^{15}<1$

$\therefore 3^{20}<10^{15}$

② 절대부등식

예) $a^2+b^2+c^2-ab-bc-ca$

$=\frac{1}{2}\{(a-b)^2+(b-c)^2+(c-a)^2\}\ge0$

$\therefore a^2+b^2+c^2-ab-bc-ca\ge0$

③ 산술기하 평균

산술평균 $\frac{a+b}{2}$

기하평균 $\sqrt{ab}$

$(\frac{a+b}{2})^2-(\sqrt{ab})^2=\frac{a^2+2ab+b^2}{4}-\frac{4ab}{4}$

$=\frac{a^2-2ab+b^2}{4}$

$=\frac{(a-b)^2}{4}\ge0$

$\therefore \frac{a+b}{2}\ge\sqrt{ab}$

(단 등호는 $a=b$ 일때 성립)

+ 코시-슈바르츠 부등식

$(a^2+b^2)(x^2+y^2)\ge(ax+by)^2$

→ $(a^2+b^2)(x^2+y^2)-(ax+by)^2$

$=a^2x^2+a^2y^2+b^2x^2+b^2y^2-a^2x^2-2abxy-b^2y^2$

$=a^2y^2-2abxy+b^2x^2$

$=(ay-bx)^2\ge0$ $\therefore (a^2+b^2)(x^2+y^2)\ge(ax+by)^2$

(단 등호는 [illegible] 일때 성립)

참고 $(a^2+b^2+c^2)(x^2+y^2+z^2)\ge(ax+by+cz)^2$

(단 등호는 [illegible] 일때 성립)

[4-2]

'절대부등식' 유형 문제를 정리한 백지테스트.

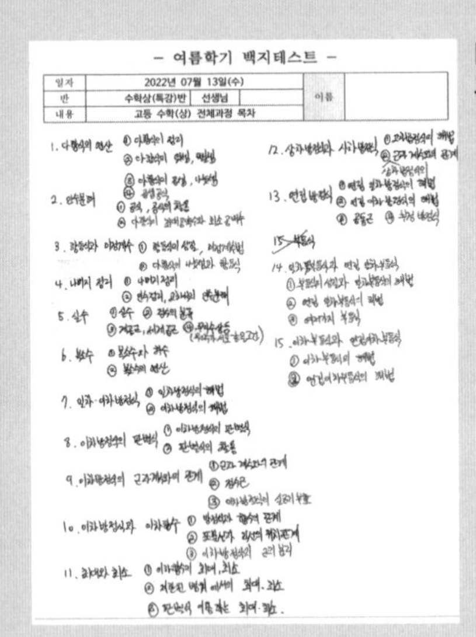

- 여름학기 백지테스트 -

일자	2022년 07월 13일(수)		이름	
반	수학상(특강)반	선생님		
내용	고등 수학(상) 전체과정 목차			

1. 다항식의 연산 ① 다항식의 정리 ② 다항식의 덧셈, 뺄셈 ③ 다항식의 곱셈, 나눗셈 ④ 곱셈공식
2. 인수분해 ① 공식, 공식의 변형 ② 다항식의 최대공약수와 최소공배수
3. 항등식과 미정계수 ① 항등식의 성질, 미정계수법 ② 다항식의 나눗셈과 항등식
4. 나머지 정리 ① 나머지정리 ② 인수정리, 조립제법 인수분해
5. 실수 ① 실수 ② [illegible] ③ 거듭제곱, 거듭제곱근 ④ 무리수 상등 ([illegible])
6. 복소수 ① 복소수와 허수 ② 복소수의 연산
7. 일차·이차방정식 ① 일차방정식의 해법 ② 이차방정식의 해법
8. 이차방정식의 판별식 ① 이차방정식의 판별식 ② 판별식의 활용
9. 이차방정식의 근과 계수의 관계 ① 근과 계수의 관계 ② 정수근 ③ 이차방정식의 실근의 부호
10. 이차방정식과 이차함수 ① 방정식과 함수의 관계 ② 포물선과 직선의 위치관계 ③ 이차방정식의 근의 분리
11. 최대와 최소 ① 이차함수의 최대, 최소 ② 제한된 범위에서의 최대·최소 ③ 판별식을 이용하는 최대·최소.
12. 삼차방정식과 사차방정식 ① 고차방정식의 해법 ② 삼차방정식의 근과 계수의 관계
13. 연립방정식 ① 연립 일차방정식의 해법 ② 연립 이차방정식의 해법 ③ 공통근 ④ 부정방정식

~~15. 부등식~~

14. 일차부등식과 연립 일차부등식 ① 부등식의 성질과 일차부등식의 해법 ② 연립 일차부등식의 해법 ③ 여러가지 부등식
15. 이차부등식과 연립이차부등식 ① 이차부등식의 해법 ② 연립이차부등식의 해법

[4-3]

고등수학(상) 과정의 목차를 정리한 백지테스트.

지요. 다시 한 번 강조하지만 수학은 암기입니다. 백지테스트를 자꾸 하다 보면 익숙해져서 나중에는 매우 잘하게 되고 수학에 자신감도 생깁니다.

개념서나 문제집으로 공부할 때는 본인이 어떤 단원의 문제를 풀고 있는지 알고 있기 때문에 해당 단원에 어떤 공식이 있는지, 당장 문제풀이에 활용할 수 있는 개념과 공식이 무엇인지 잘 알지요. 그러나 단독으로 문제가 주어진다면 어떨까요? 갑자기 머릿속이 백지처럼 하얘지면서 어떤 단원에 속하는 문제인지, 어떤 공식으로 풀어야 하는지 잘 모르는 경우가 허다합니다. 백지테스트를 꾸준히 함으로써 이러한 문제를 해결할 수 있어요. 머릿속에 한 과정의 모든 소단원 목차가 정리되어 있고, 소단원 내용이 다 정리되어 있다면 문제를 풀 때마다 필요한 개념과 공식을 바로 꺼내어 쓸 수 있어요. 백지테스트는 배우고 익힌 내용이 정말 내 것이 되었는지를 확인하는 마지막 과정이라고 할 수 있습니다.

백지테스트는 어떤 도움을 줄까?

학교나 학원에서 수업을 시작하기에 앞서 이와 같은 백지테스트를 많이 실시하면 좋습니다. 지난 시간에 배운 내용에 대한 테스트이자 복습 과정인 셈이지요. 과제 노트의 결과물과 백지테스트 내용을 살펴보면 현재 학생의 학습 상태를 바로 알 수 있어요. 상태가 진단되었으면 그것에 대한 피드백이 바로 들어가야 합니다. 그렇지 않은 상태에서 수업을 진행하면 차근차근 실력을 쌓아가며 성적을 올리도록 이끌어가는 수업이 불가능합니다. 이처럼 선생님이 학생들의 현재 학습 상태를 단번에 파악하고 보완할 수 있게 한다는 것도 백지테스트의 빼놓을 수 없는 장점입니다. 물론 학생들은 자신의 현재 학습 상태를 스스로 점검해보는 차원에서 수시로 백지테스트를 해야 합니다.

이러한 장점에도 불구하고 학교나 학원에서 백지테스트를 잘 시행하지 않는 경우가 많아요. 그러나 선생님이 몇 문제를 더 풀어주고 가르치는 것보다 백지테스트를 자주 실시하는 편이 효과가 훨씬 더 큽니다. 수학의 몸통인 탄탄한 개념이 그려지지 않은 상황에서 잔가지인 문제만 푼다면 균형 잡힌 좋은 그림이 완성될 수 없어요.

문제를 시원하게 잘 풀고 싶다면, 문제를 풀 때 어둠 속에서 헤매는 느낌이라면, 유형별 문제풀이를 잘하고 싶다면 당장 백지테스트를 시작해보세요. 백지테스트는 일반 수학 문제 테스트보다 더 중요합니다. 수학 문제를 풀다가 잘 안 풀리면 백지테스트를 통해 부족한 부분이 무엇인지 확인해봐야 합니다. 그것이 개념과 공식을 확인하는 백지테스트일 수도 있고, 유형별 문제를 정리하는 백지테스트일 수도 있습니다. 또한 한 과정 목차를 쭉 써보는 백지테스트일 수도 있어요. 어떤 테스트를 해야 할지 본인이 판단하기 어려우면 학교나 학원 선생님께 도움을 요청하세요. 아마 나에게 필요한 백지테스트를 가장 잘 알고 계실 거예요.

문제풀이 도중 개념과 공식 정리가 잘 안 되면 해설지 풀이를 보고 당장 그 문제를 해결하려고만 하지 말고 백지테스트를 해봅시다. 수학에서 아무리 강조해도 모자란 것이 개념과 공식입니다. 반드시 정리하고 암기해야 합니다. 백지테스트가 바로 개념과 공식의 암기에 있어서 가장 좋은 실행 방법입니다.

02 올바른 풀이 습관을 위한 비장의 노트

수학 문제를 어떻게 하면 더 잘 풀 수 있을까요? 물리적으로는 일단 노트에 연필로 풀이 과정을 잘 쓰면서 풀면 됩니다. 단, 이때 줄 없는 노트는 절대 사용해서는 안 됩니다. 반드시 줄 있는 노트에 풀어야 해요. 수학 문제풀이에 있어서 줄 있는 노트와 연필은 기본입니다. 가로줄이 반듯한 노트에 풀면 풀이도 반듯하게 됩니다. 반면 줄이 없는 노트에 풀면 풀이도 뒤죽박죽 중구난방이 되지요. 본인이 풀고 나서도 어떻게 풀었는지 정리가 되지 않아요. 당연히 수학 실력이 늘 수 없습니다.

그렇다면 수학 문제를 왜 꼭 줄 있는 노트에 풀어야 할까요?

첫째, 생각이 말끔하게 정리됩니다. 깨끗한 잔에는 깨끗한 물만 따라야 합니다. 반면 더러운 잔에 물을 따르면 깨끗한 물인지 더러운 물인지 구분이 되지 않지요. 줄 있는 노트는 그 자체로 깔끔해서 풀이도 깔끔하게 되고 수학적 사고도 말끔하게 정리됩니다.

둘째, 해설지의 풀이와 최대한 비슷하게 쓸 수 있습니다. 해설지의 풀이와 비교해볼 수도 있고요. 엉망으로 쓴 풀이는 해설지의 풀이와 비교조차 할 수 없습니다. 늘 가장 훌륭한 모범 답안은 해설지 안에 있습니다. 줄 있는 노트에 자신의 풀이가 반듯하게 적혀 있어야 해설지의 풀이를 참조해서 부족한 부분을 보완할 수 있어요.

셋째, 풀이를 또박또박 쓰는 연습을 하기 위해서입니다. 수학 문제를 풀 때는 글씨를 잘 알아보게 써야 합니다. 어떤 때는 본인이 풀어놓고도 잘 알아보지 못합니다. 풀이를 또박또박 쓰면 시간이 더 오래 걸릴 거라고 생각하지만 자신이 썼는데도 틀린 것을 알아보지 못하고 다시 푸는 것보다는 훨씬 시간이 단축됩니다. 자신이 쓴 것을 알아보지 못한다면 채점자는 더욱 알아보기 힘듭니다. 중간에 잘못된 계산을 고치려고 해도 숫자나 기호가 잘 보여야 고칠 수 있어요. 풀이가 잘 안 보이면 처음부터 다시 풀어야 합니다. 이러한 수고를 덜기 위해서라도 줄 있는 노트에 푸는 습관이 필요합니다.

넷째, 시험 볼 때 검산을 편하게 하기 위해서입니다. 본인이 푼 내용을 다시 한 번 확인하려면 풀이 과정을 살펴보면 되는데 평소에 엉망으로 푸는 습관이 있는 학생은 풀이 과정이 정리가 안 되어 검산을 하지 못합니다. 검산을 못해서 틀리고, 또 풀이 과정을 엉망으로 쓰다 보니 계산 실수로 틀리고 당연히 좋은 점수가 나올 수 없어요.

다섯째, 더 빨리 더 정확하게 풀 수 있습니다. 평소에 줄 있는 노트에 풀다가 틀리면 지우개로 지워가면서 스스로 정리하는 습관을 들여야 해요. 그러면 어느 순간 문제풀이 속도가 빨라지고 정확도도 훨씬 높아집니다. 문제 푸는 속도는 스스로 빨리 풀어야겠다고 결심한다고 해서 빨라지는 게 아닙니다. 주변 환경이 만들어지고 습관이 되어야 합니다.

줄 있는 노트는 수학 공부의 강력한 무기

줄 있는 노트에 문제풀이를 할 때 별 다른 형식은 없어요. 스스로에게 편한 형식으로 풀면 됩니다. 세로줄을 만들어서 오른쪽에 중요한 공식과 수업 때 배운 중요한 개념들을 정리할 수도 있고, 왼쪽에 풀이한 문제가 틀린 경우 오른쪽에 오답을 정리해도 됩니다. 여기서 오답을 정리한다는 것은 채점한 뒤 다시 풀어본다는 뜻이에요. 노트의 앞부분과 뒷부분을 구분해서 앞부분에는 문제풀이를 하고 뒷부분을 오답 정리용으로 사용할 수도 있어요. 스스로에게 가장 효율적이고 익숙한 방법으로 사용하면 그만입니다. 경험상 가장 효과적인 방법은 왼쪽에는 풀이와 채점을 하고, 풀이와 정답을 확인한 후 다시 풀어봐야 하는 경우에는 오른쪽을 활용하는 것입니다. 다시 풀어보는 공간인 셈이지요.

노트에 필기를 많이 하는 경우가 있는데 나중에 봐야 할 책이 많아지면 노트를 다시 펼쳐 보는 것이 어려워집니다. 반복해서 학습할 책에 몰아서 필기를 하고 중요 부분을 체크해놓는 편이 나아요. 노트는 그저 문제풀이용으로만 사용하는 것이 좋습니다. 대부분의 학생들이 본인이 푼 문제를 다시 살펴보지 않습니다. 줄이 있는 노트는 해설지를 보고 그때그때 따라 풀어보는 연습장일 뿐입니다.

평소엔 가로줄이 선명한 노트에 풀이를 한다고 해도 학교 시험이나 수능 시험은 시험지 여백에 풀어야 합니다. 이때 평소에 줄 있는 노트에 연습을 잘해왔다면 시험지에 줄이 없어도 줄이 있는 것처럼 말끔하게 정리할 수 있을 것입니다. 체험의 효과지요. 다시 말하지만 본인의 풀이가 정확하게 다 보여야 합니다. 그래야 실수를 잡아내고 틀린 부분을 쉽게 찾아낼 수 있어요. 풀이 과정을 살펴보는 한 가지 팁이라면 수학 문제풀이의 기본은 '등호(=)'라는 사실입니다. 모든 식에는 등호가 있지요. 식을 잘 쓰는지는 등호만 봐도 알 수 있답니다. 일단 등호가 있어야 하는데 없거나 등호의 위치가 다른 데 있으면 풀이가 맞을 리 없습니다. 수학은 논리적 사고에 따른 풀이를 익히는 것으로 풀이의 기본은 등호라는 걸 기억하세요.

풀이가 지저분하다면 그러한 습관을 고치지 않은 상황에서 아무리 수학 공부를 열심히 한들 실력이 늘지 않습니다. 생각을 정리해서 또박또박 써야 합니다. 그것이 잘 안 되면 아예 해설지를 옆에 놓고 그대로 따라 적으며 연습해보세요. 여러 번 해보면 좋은 습관을 몸으로 익히게 될 거예요. 항상 중요한 건 말보다 실행입니다.

수학 문제를 풀 때 줄 있는 노트를 사용하세요. 수학적 사고를 정리하고 실수를 줄일 수 있습니다. 자신 있게 말하건대, 문제풀이를 할 때 줄 있는 노트를 사용하는 습관은 수학 공부를 하는 학생들에게 무엇과도 바꿀 수 없는 강력한 무기가 될 것입니다.

03 개념서는 한 권으로 충분하다

개념서는 말 그대로 개념을 담은 책을 말합니다. 문제집은 여러 권 풀어도 괜찮지만 개념서는 딱 한 권만 반복해서 봐야 합니다. 한 권의 개념서를 수능 시험 전날까지 본다고 생각해야 돼요. 수학은 개념이 기본이고, 개념이 가장 중요합니다. 공부할 당시 개념을 잘 이해했더라도 시간이 흘러 자꾸 까먹고, 문제를 풀면서 의미가 헷갈려 기억이 왜곡되기도 하지요. 머릿속에 있는 개념을 항상 잘 꺼내어 보고 다시 잘 정리하는 습관이 필요해요. 따라서 개념서는 여러 권이면 헷갈리기만 합니다. 여러 권 공부할 필요도 없고요.

개념서의 구성은《수학의 정석》처럼 [정의 설명] + [공식 증명과 설명] + [각 개념에 대한 매우 쉬운 문제(보기 문제)] + [기본 문제] + [유제(기본 문제와 똑같은 유형 문제)]로 이루어져야 합니다. 이때 기본 문제는 푸는 목적이 아니라 해설을 보고 정확한 풀이를 공부하기 위한 문제입니다. 이 개념이 포함된 문제를 정확히 풀 수 있는가는 유제를 풀어보고 판단하면 되는 것이고요.

비단 《수학의 정석》이 아니더라도 본인에게 꼭 맞는 개념서로 공부하면 됩니다. 수학은 개념 따로 문제 따로가 아니라는 것만 기억하세요. 개념은 문제풀이로 확인되고, 문제는 개념과 공식으로 푸는 것입니다. 따라서 개념서는 반드시 정의, 공식, 문제 이 세 가지 조합으로 구성된 책이어야 합니다. 한 가지 덧붙인다면 내용이 쉬워야 합니다. 개념이 복잡하게 쓰여 있거나 어려운 문제가 있다면 개념서로 적합하지 않아요. 개념서는 어려운 문제가 있을 필요가 없습니다. 문제풀이 연습은 문제집으로 하면 되니까요.

개념서를 잘 골랐다면 개념 설명을 반복해서 읽어야 합니다. 외워야 할 것들이 개념서에 잘 표시되어 있어요. 그리고 백지테스트를 통해 개념과 공식을 차곡차곡 정리해서 외워놓습니다. 문제풀이를 할 때 개념이 혼동되면 수시로 펼쳐 볼 수 있도록 항상 곁에 두는 것이 좋아요. 《수학의 정석》 같은 경우에는 보기 문제도 꼭 풀어봐야 합니다. 너무 쉬운 문제라서 소홀히 하는 경우가 있는데 개념 파악에 반드시 필요한 중요한 문제입니다.

개념 설명을 다 읽고 보기 문제를 모두 풀어보았다면 이제 그것을 다 외워야 합니다. 정의를 외우고, 공식을 스스로 증명하며 외웠다면 기본 문제의 풀이로 넘어가도 좋습니다. 기본 문제는 그냥 푸는 문제가 아닙니다. 한 글자도 빠짐없이 다 읽어야 합니다. 풀이에만 급급해하지 말고 모든 내용을 다 읽고 나서 기본 문제의 풀이를 따라 써보는 것을 한 번 더 하고 나서 마무리합니다.

수학은 암기이자 중고등학교까지의 수학은 모방입니다. 개념을 암기하고 여기에 대한 기본 문제의 해설을 모방해야 합니다. 창조적인 사고는 모방에서 나옵니다. 일반 중고등학생의 90퍼센트 정도에 해당하는 말입니다. 혼자 독창적이고 창의적인 해법으로 풀려고 하지 말고 모범 답안을 보고 모방해야 합니다. 따라 쓰기만 잘해도 수학은 쉬워집니다. 어려울 수밖에 없는 방법으로 어렵게 공부해왔기 때문에 그동안 수학이 어려웠던 것입니다.

그다음 유제를 이렇게 모방해서 따라 쓰기한 방법으로 풀면 됩니다. 분명 잘 풀릴 거예요. 만약 잘 안 풀리면 기본 문제로 되돌아가서 몇 번 더 따라 써보면 됩니다. 이렇게 계속 반복하다 보면 안 풀리는 문제가 없을 것입니다.

교과서 다음으로 중요한 책, 개념서

"개념이 부족합니다" "개념이 탄탄하지 못해요" 학생들에게 너무

나도 많이 듣는 말입니다. 일단 자신이 이런 생각이 든다면 개념서를 한 권 정한 다음 앞서 소개한 방법대로 공부해봅시다. 개념 정리는 항상 문제풀이와 같이 이루어져야 합니다. 문제에서 실제로 사용되는 개념이 무엇인지 알아야 해요. 개념서를 자꾸만 반복해서 보다보면 기본 문제도 외워집니다. 사실상 기본 개념에 대한 문제는 어느 개념서든 다 비슷해요.

개념에 대해 보다 쉽고 자세히 알고 싶다면 교과서를 보면 됩니다. 아주 쉽고 재미나게 잘 정리되어 있으니까요. 수능 시험 점수가 발표된 뒤 수리영역에서 만점을 받은 학생들이 교과서로 공부했다는 인터뷰를 보고 뭔가 빼 있는 말이라고 생각했지요. 그 뒤 한동안 잊고 있다가 어느 날 학생들이 극한 개념을 어려워해서 혹시나 싶어 교과서를 펼쳐 봤더니 개념 설명이 아주 쉽고 재미나게 되어 있었습니다. 솔직히 말하면 《수학의 정석》보다 개념 설명이 더 자세하고 읽기도 쉬웠지요. 그들은 교과서로 개념을 탄탄하게 다진 것이었습니다.

학교 수업 시간에 선생님의 설명에 집중하면서 교과서의 개념 설명을 꼼꼼하게 읽어보는 것은 매우 중요합니다. 교과서에 있는 문제만 풀려고 하지 말고 문제 앞에 나와 있는 개념 설명을 반드시 읽어보세요. 국내 유수한 수학 전문가들이 모여 아이디어를 내고 연구하여 집필한 것이 바로 교과서이므로 매우 알차고 이해하기 쉽게 정리되어 있습니다.

개념서는 끝까지 공부한 뒤에도 절대 버리면 안 됩니다. 수학 잘하는 학생들 중에는 수능 시험이 끝나고 나서도 아깝고 정이 들어 못 버리는 경우도 많아요. 수학은 어떤 면에 있어서는 읽고, 외우고, 따라 쓰고, 자신만의 쓰기를 한다는 점에서 국어 과목과 매우 비슷합니다. 계속 반복해서 보는 개념서가 있는 학생은 공부를 아주 잘하고 있는 학생입니다. 크게 흔들릴 것이 없어요. 물론 그 한 권의 개념서는 개념 설명이 자세히 되어 있고, 이에 대한 문제풀이가 체계적으로 되어 있으며, 외우고 증명하는 내용이 풍부하게 정리되어 있어야 합니다.

개념서의 중요성은 아무리 강조해도 지나치지 않습니다. 개념 학습이 수학의 기초이기 때문에 이 기초를 책임질 교재를 신중히 선택해야 하는 것이지요. 개념서는 문제를 푸는 책이 아니라 읽고, 따라 쓰고, 보고 외우는 책이라는 걸 기억하세요. 잘 고른 한 권의 개념서는 문제풀이 도중 먹구름을 만났을 때 환한 햇살과도 같은 한 줄기의 빛을 안겨줄 거예요. 어두운 그늘에서 나를 건져주기도 할 테고요. 교과서 다음으로 가장 중요한 수학책입니다.

04 한 권의 문제집을 완벽하게 끝내는 법

여러 권의 문제집을 풀려고 하기보다는 문제집 한 권을 제대로 끝내야 합니다. 문제를 무조건 많이 푼다고 해서 수학 실력이 늘지 않아요. 매우 중요한 사실입니다. 문제집 한 권을 계속 반복해서 풀어보세요. 틀린 문제를 계속 풀어가며 마침내 틀리는 문제가 없을 때까지 푸는 것입니다. 그것이 다섯 번일 수도 있고, 열 번일 수도 있고, 열다섯 번이 될 수도 있어요. 같은 문제집을 열다섯 번째 풀었다면 그다음 푸는 시간은 분명 줄어들 것입니다. 틀리는 문제가 몇 개 없을 테니까요.

이때 주의할 점은 절대 문제집에 직접 풀면 안 된다는 것입니다. 앞서 말했듯이 풀이는 줄이 있는 노트에 해야 합니다. 틀린 문제를 다시 풀어봐야 하기 때문에 내가 앞서 풀이한 내용이 보여서는 안 되는 것이지요. 채점은 문제집의 각 문제 번호에 하고, 틀린 문제 옆에는 틀린 날짜를 함께 적어놓습니다. 그러고 나서 해설지를 보며 틀린 문제를 다시 공부합니다. 우리가 문제를 틀리는 이유는 여러 가지가 있지요. 계산 실수, 개념을 잘 모르는 경우, 해당 문제에 적절한 개념을 잘못 적용했을 경우, 문제 해석을 잘못한 경우 등 원인은 다양할 것입니다. 따라서 해설지를 보고 틀린 이유를 찾아낸 다음 해설지의 풀이를 똑같이 써봐야 합니다. 내가 틀린 문제 유형을 그렇게 외우는 것이지요.

외워놓으면 스스로 잘 모르는 내용이라도 어렴풋하게나마 머릿속에 남아 있지만 외워놓지 않으면 내가 무엇을 몰랐는지조차 알 수 없습니다. 수학은 개념이 촘촘히 연결되어 있으므로 계속 다른 개념을 배우고 여러 유형 문제들을 풀어나가면서 전에는 알지 못했던 문제들의 풀이 방식이 문득 이해되는 경우가 많아요.

해설을 읽어봐도 잘 모르는 문제들은 그냥 지나치지 말고 선생님께 꼭 물어보세요. 중요한 건 설명을 들었다고 해서 그 문제를 아는 것은 아니라는 사실입니다. 내가 직접 풀 수 있고, 내 머릿속에 있어야 비로소 아는 것이 됩니다.

해설지를 보고 따라 쓰기를 하면서 틀렸던 문제가 이해되었다면 그 문제를 다음번에 꼭 다시 풀어봐야 합니다. 단, 반드시 하루 이상 지나고 나서 풀어봐야 하지요. 그날 곧바로 다시 풀어보면 효과가 없어요. 이때도 절대 문제집에 직접 풀면 안 됩니다. 줄 있는 노트에 풀어보고 다시 채점한 뒤 틀리면 이번에도 틀린 날짜를 적어두세요. 그리고 해설지의 풀이를 다시 한 번 살펴봅니다. 이때는 아마 풀이 내용을 보면 어느 부분에서 놓쳤는지 단번에 알 수 있을 거예요. 왜 틀렸는지 파악했다면 문제를 다시 풀어보세요. 이런 식으로 틀린 문제만 또 풀어보는 거예요. 이렇게 계속 반복하면 됩니다. 반복할수록 문제가 점점 더 빨리 풀릴 것입니다.

이 과정을 단원별로 진행하면 됩니다. 이것이 바로 한 권의 문제집을 너덜너덜해질 때까지 푸는 방식이에요. 이렇게 하면 생각보다 많은 효과가 있어요. 먼저 해설지의 풀이를 마음껏 따라 쓸 수 있습니다. 문제보다 더 중요한 것이 바로 풀이입니다. 틀린 문제는 해설지의 풀이를 보고 따라 쓰면서, 또 해설지를 살펴보면서 공부해야 합니다. 그러면서 그 내용을 내 것으로 만들어야 하지요. 최소 하루가 지나면 내 것이 된 것만 머릿속에 남고 나머지는 또 헷갈리게 되어 있어요. 하루 이상 지났을 때 틀린 문제만 다시 풀어보면 내 것이 된 문제는 바로 잘 풀리고, 내 것이 안 된 문제는 결국 또 틀립니다. 그러면 또다시 해설을 보고 따라 쓰며 내 것으로 만들어야 합니다. 이러한 과정을 반복하세요. 이렇게 하다 보면 뭔가 문제를 풀 때 개운한 느낌이 들고 선생님의 도움을 조금씩 덜 받게 됩니다.

수학 점수가 오르지 않는 이유

수학 점수가 오르지 않는 학생들에게는 몇 가지 특징이 있어요. 첫 번째는 수학 문제를 풀고 직접 답을 맞혀 보지 않는다는 것입니다. 이런 학생들이 의외로 많아요. 선생님이 다 채점해주고, 선생님으로부터 틀린 문제에 대해 설명을 충분히 들었기 때문에 그 문제를 이제는 다 안다고 생각하지만 그건 착각입니다. 막상 시험에 비슷한 문제가 나오면 어디서 많이 본 듯 익숙하지만 실제로는 문제를 잘 풀지 못해요. 문제를 푼 다음에는 꼭 채점한 뒤 본인 스스로 해설지의 풀이를 보며 공부해야 풀어본 문제들이 완벽하게 내 것이 될 수 있어요.

두 번째는 수학 문제를 풀고 나서 채점도 잘하고, 오답 노트에 오답 정리도 너무 잘하지만 그 오답 노트를 다시 펼쳐 보지 않는다는 것입니다. 오로지 오답 노트를 정리하는 것에만 시간을 쏟지요. 다시는 들여다보지 않을 오답 노트를 정성껏 만드는 시간에 해설지의 풀이 내용을 몇 번 더 따라 쓰는 편이 훨씬 나아요.

세 번째는 문제풀이를 문제집에 직접 안 한다는 것입니다. 수학 문제집은 다 알 때까지 여러 번 풀어봐야 합니다. 문제집에 풀이를 써가면서 문제를 풀면 다음에 틀린 문제를 다시 풀 때 여백도 없을 뿐더러 그전에 했던 풀이가 보이기 때문에 새롭게 풀어볼 수 없게 됩니다.

수학 문제는 잘 살펴보면 문제집마다 큰 차이가 없습니다. 비슷한 난이도의 문제집을 여러 권 풀지 않아도 되는 이유가 여기에 있어요. 물론 문제집 한 권을 제대로 풀고 나서 연습용으로 비슷한 난이도의 문제집을 추가로 푸는 것은 괜찮지요. 하지만 비슷한 난이도의 문제집을 동시에 여러 권 풀 필요는 전혀 없습니다. 무조건 문제를 많이 풀어야만 수학 실력이 좋아진다는 의견에 더 이상 찬성하지 않아도 됩니다. 그렇다고 문제를 적게 풀어도 된다는 말은 절대 아닙니다. 어느 정도는 많이 풀어봐야 하지요.

문제를 풀 때도 올바른 방법이 있어요. 더 효율적으로 문제를 풀고, 그 문제들을 정말 내 것으로 만들 수 있는 방법이지요. 수학 문제마다 유형과 패턴이 있습니다. 해설지의 풀이를 꼭 보라고 하는 이유는 풀이를 보고 그 문제에 해당하는 유형과 패턴을 익혀야 하기 때문입니다. 문제만 봐서는 어떤 유형과 패턴인지 잘 구분되지 않는 경우가 많기 때문에 반드시 풀이를 봐야 합니다. 틀린 문제를 알 때까지 계속 풀어보는 동안 틀린 문제의 유형과 패턴을 계속 확인하게 될 것입니다. 이때 이러한 문제의 조건에서는 '이렇게 푸는구나'라고 의식적으로 유형과 패턴을 외울 필요가 있습니다.

물론 수학에서 문제풀이를 암기하는 건 쉽지 않습니다. 다만 틀린 문제를 접했을 때 암기가 훨씬 더 잘 되지요. 위기가 좋은 기회를 만듭니다. 심리적인 위기가 틀린 문제를 머릿속에 잘 각인시킨다는 뜻입니다. 틀린 문제만 반복적으로 학습한다는 건 틀린 문제의 풀이로 뇌를 계속 자극하는 것이기도 합니다. 틀리는 문제, 잘 모르는 문제를 자꾸 풀어야 구멍 난 부분이 메워지면서 내 것이 되고 변화가 시작됩니다.

한 권의 문제집이 너덜너덜해질 때까지 풀어보세요. 무조건 문제를 많이 풀라는 것이 아니라 틀린 문제만 계속 풀어보라는 뜻입니다. 채점은 책에, 풀이는 줄 있는 노트에, 틀리면 틀린 날짜를 문제 옆에 적으세요. 틀린 문제는 해설을 보고 따라 쓰면서 내용을 이해하고, 꼭 하루 이상 지난 후에 다시 줄 있는 노트에 풀어보세요. 이러한 과정을 계속 틀린 문제로만 반복하세요. 반복한다고 해서 시간 많이 걸리지 않습니다. 해설지를 보면서 공부하니까 그다지 어렵지도 않고요. 모르면 일단 외워놓고 넘어가야 합니다. 나중에 다 알게 되니까요. 이 방법은 수학 공부의 기본 중 기본입니다.

05 기출 문제는 최고의 교과서

기출 문제란 학교 시험과 수능 시험에서 이미 출제되었던 문제를 말합니다. 중학교 내신 기출 문제, 고등학교 내신 기출 문제, 수능 기출 문제로 구분되지요. 기출 문제에 바로 해법이 있어요. 기출 문제를 먼저 풀어보고 내신과 수능 공부를 시작해야 합니다. 물론 당장은 기출 문제를 풀기가 쉽지 않을 거예요. 그래도 개념을 공부한 뒤에는 내신과 수능 공부에 들어가기에 앞서 먼저 기출 문제들을 풀어봐야 합니다. 이 기출 문제들이 앞으로 수학 공부를 어떻게 해야 할지, 어떤 방향으로 나아가야 할지 환하게 길을 밝혀주는 등대 역할을 하기 때문입니다.

대학을 결정하는 시험은 고등학교 내신 시험과 수능 시험입니다. 내신 시험은 자신의 학교에서 출제되었던 기출 문제뿐만 아니라 근

방의 다른 학교에서 출제되었던 기출 문제까지도 다 풀어봐야 합니다. 기출 문제는 틀리면 실전에서도 틀리는 게 아닌가 싶어 학생들이 긴장을 더 많이 하고 집중해서 문제를 풉니다. 또 틀린 것은 어떻게든 꼭 알고 넘어가려는 경향이 있지요.

수능 기출 문제도 마찬가지입니다. 11월에 고3 학생들이 수능 시험을 치를 때 아래 학년인 고2 학생들도 이 수능 문제를 꼭 풀어봐야 합니다. 개념 진도가 다 나간 범위까지만 풀어보면 됩니다. '1년 뒤에 나는 어떻게 되어 있을까?' '내년에 수능 시험을 잘 봐야 할 텐데 앞으로 1년간 어떻게 공부를 해야 할까?' 이렇게 막연히 미래를 고민하지만 말고 현실적으로 생각해서 올해의 기출 문제를 풀어보고 방책을 마련해야 합니다. 긴장한 상태로 문제 유형을 접하고, 풀어보고, 공부하며, 익숙해져야 합니다. 일반 문제집에 있는 평이한 문제가 아닌 문제집에서 보지 못한 문제들을 풀어야 의미가 있어요. 이러한 문제들은 사실상 모의고사 기출 문제인 경우가 많아요.

전체 공부의 양을 10으로 놓았을 때 첫 번째 학생은 문제집으로 개념 심화 공부에 8, 기출 문제풀이에 2를 할애하고 두 번째 학생은 개념 심화 공부에 5, 기출 문제풀이에 5를 할애했을 경우 두 학생을 비교해봅시다. 시험 기간 바로 전에 공부한 양을 기준으로 삼은 것이며 성적은 중위권 이상의 학생들이라고 가정해봅시다. 어떤 학생의 결과가 더 좋을지 판단해보면 두 번째 학생입니다. 물론 개념 학습은 매우 중요합니다. 하지만 이를 기반으로 하여 기출 문제를 많이 풀어봐야 내신 1등급을 목표로 할 수 있어요. 기출 문제풀이를 적게 하면서 개념 심화 공부만 해서는 안 된다는 뜻입니다.

수능 기출 문제 풀이보다 더 어려운 것이 내신 기출 문제 풀이입니다. 수능 기출 문제집은 아주 많습니다. 하지만 내신 기출 문제는 지역마다 또 학교마다 달라서 이에 대해 시판하거나 정리된 책이 따로 없어요. 한마디로 정보 싸움입니다. 그래서 학교 내신 대비는 학생들이 많이 다니는 학원에서 하는 것이 좋아요. 아무래도 정보가 많을 수밖에 없으니까요. 학원에서는 시험 기간이 끝나면 인근에 있는 모든 학교의 시험지를 입수합니다. 이 시험지는 내년에 다른 학생들을 위한 내신 기출 문제로도 활용하지요.

그리고 내신 시험은 각 학교별로 매년 출제되는 문제 유형이 정해져 있지 않아요. 대략 어떠한 경향이 있을 뿐이지요. 그러나 수능 시험은 좀 달라요. 수능 문제들은 계속 반복됩니다. 그래서 내신 등급을 올리는 것보다 수능 등급을 올리는 것이 더 쉬워요. 가령, 내신 시험 문제는 땅을 팠을 때 옆의 땅을 다시 파야 하는 경우도 생기지만 수능 시험 문제는 땅을 팠을 때 좀 더 깊게 파느냐 아니면 좀 덜 파느냐의 차이일 뿐입니다.

최근 3개년 수능 시험 문제는 단원별로 다 외워야 합니다. 여기서 수학은 암기라는 사실을 다시 한 번 강조하고 싶어요. 한 문제에 여러 개념을 활용해야 하기 때문에 여러 단원에 포함되는 문제들도 물론 있습니다. 그러나 고등수학의 개념은 한정되어 있고, 수능 시험은 이 개념들이 정직하게 활용되는 문제들로만 출제되기 때문에 문제들을 외워놓아야 같은 유형의 문제를 같은 방법으로 빠르게 풀 수 있습니다.

기출 문제는 방향을 알려준다

내신 등급이 잘 나오지 않았다고 대학 입시를 비관적으로 생각하면 안 됩니다. 그럴 필요 없어요. 충분히 잘할 수 있는 기회가 또 있으니까요. 수능 시험을 잘 보면 됩니다. 수능 등급을 올려서 보충하면 돼요. 수학은 개념 정리만 일단 잘해놓으면 수능 유형에 따라 기출 문제로 유형 문제 풀이를 대신할 수 있습니다.

개념 학습이 얼마나 중요한지 여러 차례 강조했습니다. 수학은 개념 학습이 되어 있으면 그다음 단계로 나아가기가 매우 수월해요. 개념 학습을 기반으로 내신 공부는 물론 수능 공부를 바로 시작할 수 있습니다. 고등수학(상)과 고등수학(하)는 내신 과정이라서 내신 기출 문제풀이가 심화 과정이고, 수학1, 수학2, 미적분 과정은 수능 과정이라서 수능 기출 문제풀이가 곧 심화 과정입니다. 하지만 개념 학습이 되어 있지 않은 상태에서는 문제풀이가 안 되기 때문에 내신과 수능 공부 모두 할 수 없는 난감한 상황이 됩니다. 이런 이유 때문에 중3 때 미리 고등수학의 개념 학습을 최대한 많이 해둘 것을 당부한 것입니다. 한번 머리에 넣은 내용은 생각보다 쉽게 빠져나가지 않습니다. 전혀 예상치 못한 문제에서 외워둔 개념이 활용되는 경우가 제법 많지요.

기출 문제는 최고의 교과서입니다. 우리에게 공부해야 할 방향을 알려주고, 우리는 항상 그것이 가리키는 방향대로 가야 성공합니다. 기출 문제라 하더라도 내신 기출 유형이 다르고, 수능 기출 유형이 다릅니다. 내신 기출 유형 중 난이도 있는 문제는 예전 모의고사에서 주로 출제되고, 수능 기출 유형은 말 그대로 예전 수능 시험에서 출제되었던 문제들이에요. 최근 3개년에서 5개년 사이의 기출 문제를 단원별로 정리하여 풀어보면서 외워둡시다. 내신과 수능 공부를 할 때는 기출 문제를 머리맡에 놓고 자주 풀어보며 외우듯이 해야 합니다. 기출 문제에 길이 있다는 사실을 절대 잊지 마세요!

06 빈틈을 메워주는 '기초 뿌리 뽑기 학습법'

'기초 뿌리 뽑기 학습법'이란 무엇일까요? 예를 들어 판별식이 있다고 할 때 "b^2-4ac의 부호가 양수이면 서로 다른 실근, 0이면 중근, 음수이면 허근을 갖는다"는 개념이 있어요. 이 개념이 처음에는 중3상 과정의 방정식 단원에서 나오고 나중에 고등수학(하) 과정의 이차함수 단원에서 나옵니다. 학생들은 대체로 방정식보다 함수를 더 어려워하지요. 선행 학습으로 개념을 계속 배우다 보니 이 판별식의 개념이 헷갈리면서 문제에 적용하는 것이 갑자기 어려워지곤 합니다.

이런 경우 필요한 학습법이 바로 '기초 뿌리 뽑기 학습법'입니다. 현재 고등수학(하) 과정에서 판별식의 이론을 배우고 있지만 중3 때 배웠던 중3상 과정까지 거슬러 내려가서 개념을 처음부터 다시 확실하게 공부하는 것이지요.

한마디로 어떤 개념에 대해서만 하위 개념으로 내려가 처음 생긴 뿌리를 찾아 그 뿌리의 개념부터 다시 정리하는 것입니다. 이러한 공부법을 위해서라도 개념서는 한 권만 반복해서 봐야 한다는 사실을 다시 한 번 상기해볼 필요가 있습니다. 개념서가 한 권이면 연결된 개념이 어디에서 시작됐는지 단번에 알 수 있으니까요. 자신이 여러 번 보았던 개념서는 눈에 익어서 복습하기가 훨씬 수월하기도 하고요.

그렇다면 '기초 뿌리 뽑기 학습법'은 왜 해야 할까요? 선행이 아닌 후행으로 가는 방법이지만 구멍 난 곳을 효과적으로 메우기 위해서입니다.

가령, 고등수학(하)에서 무리함수를 배우는데 그 안에 무리식 연산 문제들이 나오면 갑자기 기본 개념이 헷갈리기 시작하지요. 안에는 양수만 들어가야 하고, 이 값은 양수로 취급됩니다. 이러한 개념을 확실히 알고 있어야 문제풀이할 때 실수하지 않아요.

많은 학생들이 헷갈려 하는 제곱근의 개념도 마찬가지입니다. 그런데 이때 하위 과정으로 가서 제곱근의 개념을 다시 공부하지 않는다면 이후 수학1 과정의 지수 단원에서 n제곱근을 새로 배울 때 이해가 잘 되지 않고 개념이 머릿속에 잘 들어오지 않을 것입니다. n제곱근은 함수로 설명되어 있고 수능 시험에서 자주 출제되는 중요한 개념으로 확실히 공부해두어야 합니다.

한 문제에 여러 개념이 복합적으로 쓰이는 경우 답을 쉽게 구하지 못합니다. 수학 문제가 어려운 이유도 여러 개념을 적절하게, 정확하게 생각해내야 하는데 이게 잘 안 되기 때문이에요. 수학은 하나의 개념이 확장되어 또 나오곤 합니다.

처음부터 연결되는 개념들을 확실하게 다 알고 이해할 수는 없어요. 자꾸 다른 형태로 반복되어 나올 때 이 개념들을 한꺼번에 정리해두어야 합니다.

'제곱근의 정의'는 중3상 과정에서 처음 나옵니다. 본인 스스로 헷갈리는 것이 무엇인지 알고 있을 때 부족한 부분을 공부하면 머릿속에 쏙 들어오지요. 뿌리에 해당하는 제곱근을 공부했다면 고등수학(하)의 무리함수 단원의 무리식 개념을 공부하고 나서 다시 수학1 지수 단원의 n제곱근을 공부하면 됩니다. 지금 배우는 단원의 개념이 잘 이해되지 않을 때 무작정 외우고 넘어가서는 안 됩니다. 반드시 이해하고 넘어가야 해요. 개념 자체가 문제풀이에 쓰이는 경우도 많으니까요.

그런데 여기서 많은 사람들이 이런 의문을 가질 수도 있어요. "이론은 좋지만 이렇게 스스로 뿌리까지 찾아가 공부하는 학생이 얼마나 될까요?"라고 말이지요. 맞습니다. 대부분의 학생들은 수학 공부를 처음 해보기 때문에 효과적인 공부 방법을 잘 모릅니다. 선생님들이 적극적으로 가르쳐주어야 하지요. 방법을 가르쳐주면 그대로 실천해보는 학생도 있지만 대부분은 거의 안 합니다. 당장 눈앞에 있는 문제를 푸는 것도 어렵고 힘든데 하위 개념으로 내려가서 그것을 다시 공부하라고 하면 안 하지요. 시간이 많이 걸려서 못한다고 합니다.

수학 공부는 쉽게 가야 해요. 아무리 좋은 이론과 방법이 있어도 하기 힘들면 안 합니다. 시간이 오래 걸려도 안 하고요. 그리고 대부분의 학생들은 개념들이 서로 어떻게 연결되어 있고, 뿌리가 어디에 있는지도 잘 모릅니다. 부모들이 억지로 시키면 더 안 해요. 오로지 선생님들의 몫입니다. 이런 식으로 공부하도록 이끄는 수밖에 없어요.

한두 번 시도해서 구멍 난 개념들이 메워지는 걸 스스로 깨닫게 되면 더 적극적으로 공부하게 되지요. 그야말로 기초를 찾아 확실히 공부함으로써 지금 공부하는 내용을 탄탄하게 만드는 것입니다.

기초 뿌리 뽑기 학습법은 개념 정리법이다

'기초 뿌리 뽑기 학습법'도 따지고 보면 결국은 개념 학습입니다. 연결된 하위 개념을 역으로 공부하는 것이지요. 지금 배우고 있는 내용으로부터 예전에 배운 내용의 개념을 찾아가 그것들을 다시 익히고 정리하는 것입니다. 하나의 개념 유형을 한꺼번에 배우는 방법이 아니고요.

물론 하나의 개념에 대해 한꺼번에 공부해야 한다는 의견들도 있습니다. 함수면 지수함수, 로그함수, 삼각함수를 한꺼번에 공부해야 하고, 수학1의 상용로그를 배울 때 미적분의 자연로그도 같이 배워야 한다고 말입니다.

하지만 그러한 공부법을 받아들일 수 있는 학생은 전체 학생 중 5퍼센트밖에 안 됩니다. 평범한 대다수 학생에게 이런 방식의 수업은 그들을 괴롭히는 것입니다. 당장은 상위 개념의 용어라도 주워들어 아는 것 같지만 제대로 아는 것이 아니지요. 나중엔 결국 헷갈려서 힘들기만 합니다.

한 과정에서 어떤 개념만을 따로 떼어내어 그것만 배우는 것 역시 절대 안 됩니다. 수학은 단계별로 한 과정을 다 배우고 나서 그다음 과정을 배워야 합니다. 우리나라 수학 교육 과정이 그렇게 되어 있어요. 교육 전문가들이 오랜 연구 끝에 그렇게 배워야 한다고 해놓은 것이고, 또 실질적으로도 그게 맞습니다.

체계 없이 순서를 마음대로 바꿔서 개념을 가르치는 것은 효과도 없을 뿐더러 학생을 괴롭히는 것입니다. 그런 방식으로 가르치고 나서 왜 성적이 오르지 않느냐고 학생에게 묻는다면 그것이야말로 어불성설이지요.

수학은 차근차근 과정별로 배운 다음 개념이 헷갈리는 것은 그 아래 과정으로 내려가 다시 복습하는 방식을 취해야 합니다. 그렇게 하면 개념이 머릿속에 아주 견고하게 자리 잡게 될 것입니다. 비 온 뒤에 땅이 굳어지는 것과 같아요.

한 권의 교재를 열심히 공부하는 학생은 있지만 예전 수학책을 다시 보면서 개념을 정리하는 학생은 많지 않아요. 자발적으로 하는 학생은 거의 없다고 봐도 무방할 정도지요.

요즘 학생들은 학원에서 공부를 많이 하다 보니 학원에 의존하는 경우가 많아요. 학원에서 내주는 숙제가 없으면 공부를 안 하고, 숙제가 많으면 그 숙제를 다 하느라 힘들어합니다. 어떻게 보면 참으로 기계적입니다.

이것 역시 어쩔 수 없어요. 대신 선생님이 이러한 상황을 잘 이용하면 됩니다. 별로 어렵지 않아요. 학생이 부족해하는 개념들이 어디에 있는지 가르쳐주고, '기초 뿌리 뽑기 학습법'으로 공부시키면서 확인 학습을 하거나 시험을 보면 됩니다.

많은 학생들이 듣는 강의식 수업에서는 이런 방식의 수업이 힘들 수 있어요. 개별 관리 시간에나 활용할 수 있는 방법이지요. 하지만 과외 수업에서는 매우 효과적인 방법입니다. 선생님들도 수업 방식을 계속해서 연구해야 합니다.

항상 학생의 입장에서 가르쳐야 해요. 지금 학생에게 필요한 것이 무엇인지, 어떻게 하면 학생에게 보다 효과적으로 지식을 전달할 수 있을지 늘 생각해야 합니다. 앞으로 나가면서 어떤 때는 뒤로도 물러나야 하지요. 뿌리가 깊고 탄탄한 나무가 비바람에 강하고 잘 버티는 것과 같습니다.

'기초 뿌리 뽑기 학습법'은 위에서 아래로 내려가는 공부법입니다. 아랫부분은 이미 예전에 공부해놓은 것으로 처음 배우는 것이 아닙니다. 따라서 정리하는 데 시간이 그리 오래 걸리지 않지요. 개념을 탄탄하게 만드는 것에 집중해야 합니다. 수학에서 개념은 서로서로 다 연결되어 있으므로 지금 배우고 있는 개념이 헷갈리면 하위 개념, 즉 뿌리를 찾아 다시 정리해놓으면 혼란스럽지 않아요. 이와 같이 이전 과정의 개념에 대한 이해가 절실히 필요할 때 매우 효과적인 학습법입니다.

성적이 향상되는 이유는 여러 가지가 복합적으로 어우러져 작용하는 것이기 때문에 이러한 학습법 등으로 수학 성적이 곧바로 향상된다고는 말할 수 없어요.

하지만 문제풀이가 보다 정확해지고, 풀이 시간이 줄어들 거라는 말은 자신 있게 할 수 있습니다. 무엇보다 수학이 쉬워질 거예요. 실제로 많은 학생들이 이러한 학습법을 통해 만족할 만한 성과를 보였습니다.

고등수학(상) 전 과정의 진도를 다 나간 뒤 전체 범위로 시험을 보면 대부분의 학생들이 시험을 잘 못 봅니다. 하지만 '기초 뿌리 뽑기 학습법'이 적용된 강좌를 들은 학생들은 상대적으로 다른 강좌를 수강한 학생들보다 문제를 정확하고 빨리 풀어냈습니다. 그리고 다들 수학이 쉬워졌다고 말했지요. 한 과정을 다 배우고 나서 줄곧 안개 속에서 헤매곤 했는데 개념이 명확하게 정리되어 정신이 맑아진 느낌이라고 했습니다.

무엇보다 수학 내신 성적은 단기간에 오르지 않습니다. 하지만 겨울 방학 때 '기초 뿌리 뽑기 학습법'으로 고등수학(상)을 공부한 학생이 내신 문제풀이에 자신감을 갖게 되었고, 비슷한 실력이던 3등급의 학생보다 한 등급 높은 2등급을 받았습니다. 선생님들도 학생들을 가르치는 데 있어 더 효과적이라는 의견들이 많았어요. 하나의 개념 안에서 문제풀이를 해야 하기 때문에 강조할 점이 무엇인지 알고, 어떻게 가르쳐야 할지 방향이 명확하게 보인다고 합니다. 한마디로 학생과 선생님 모두 수학에서 외워야 할 것들이 잘 정리되고 수학이 훨씬 쉬워진 것입니다.

뼈대 학습법과 마찬가지로 기초 뿌리 뽑기 학습법도 결국 '개념으로 다시 돌아가자'는 목표를 담고 있습니다. 기본이 가장 중요하고, 기본이 가장 쉬우면서도 어렵습니다.

그러나 그만큼 기본은 가장 힘이 세고, 쉽게 흔들리지 않습니다.

수학은 개념, 그리고 암기가 핵심입니다. 아무리 강조하고 반복해도 지나치지 않아요.

수학은 문제풀이다 | 핵심 요약 노트

- **한 단원이 끝날 때마다 스스로 백지테스트를 실시해보자.** 백지테스트로 소단원의 개념과 공식을 정리할 수 있고, 유형별 문제를 스스로 만들어보며 정리할 수도 있다. 또 한 과정이 다 끝나면 그 과정의 목차를 외워서 써볼 수도 있다. 이처럼 백지테스트에는 정해진 형식이 없고, 시간제한도 없으므로 배운 내용들을 백지에 자유롭게 써보면 된다. 해당 단원에서 이해하고 암기한 내용들이 정말로 내 것이 되었는지를 확인하는 마지막 과정인 셈이다.

- **수학 문제는 책에 직접 풀지 말고 줄이 있는 노트에 풀어야 한다.** 문제풀이를 할 때 줄이 있는 노트를 활용하면 머릿속의 생각들이 말끔하게 정리되고, 풀이를 반듯하게 적게 되어 해설지의 풀이와 자신의 풀이를 잘 비교할 수 있다. 또한 풀이 과정을 또박또박 쓰는 연습이 되는 것은 물론 시험 볼 때 풀이 과정을 보고 틀린 부분을 쉽게 찾을 수 있어 검산이 편해진다. 마지막으로 정리하는 것에 익숙해짐으로써 문제를 더 빨리 더 정확하게 풀 수 있다. 수학 공부에 있어서도 꾸준하고 올바른 습관이 가장 중요하다.

- **수학 개념서는 딱 한 권만 여러 번 반복해서 보아야 한다.** 개념서는 [정의 설명] + [공식 증명과 설명] + [각 개념에 대한 매우 쉬운 문제(보기 문제)] + [기본 문제] + [유제(기본 문제와 똑같은 유형 문제)]로 되어 있는데, 무엇보다 개념 설명이 쉽고 자세하며, 문제에 대한 풀이가 체계적으로 잘 되어 있어야 한다. 또한 외우고 증명하는 내용이 풍부하게 정리되어 있는 개념서가 좋다. 개념서는 문제를 푸는 책이 아니라 개념을 읽고 풀이를 따라 써보는 책으로 수학 공부의 기초가 된다.

- **많은 양의 문제집을 풀기보다 한 권의 문제집을 제대로 끝내야 한다.** 무조건 문제를 많이 푼다고 해서 수학 실력이 느는 것은 아니다. 한 권의 문제집을 가지고 틀린 문제를 계속해서 풀어나가면서 마침내 틀리는 문제가 없을 때까지 풀어야 한다. 이때 채점은 문제집에 직접 하되, 풀이는 절대 문제집에 풀지 말고 줄이 있는 노트에 풀어야 한다. 틀리면 계속해서 풀어야 하는데 풀이 과정이 책에 남아 있으면 안 되기 때문이다. 채점을 한 뒤 해설지를 보고 틀린 이유를 꼭 알아야 하며, 해설의 풀이를 따라 쓰며 틀린 문제의 유형을 외워야 한다.

- **기출 문제는 최고의 교과서로 학생들에게 어떻게 공부해야 할지 방향을 알려 준다.** 고등수학(상), 고등수학(하)는 내신 과정이라서 내신 기출 문제풀이가 심화 과정이고, 수학1, 수학2, 미적분 과정은 수능 과정이라서 수능 기출 문제풀이가 곧 심화 과정이다. 내신 기출 문제 유형 중 난이도 있는 문제는 주로 예전 모의고사에서 출제되고, 수능 기출 문제 유형은 말 그대로 예전 수능 시험에서 출제되었던 문제들이다. 최근 3개년에서 5개년 사이의 기출 문제를 단원별로 정리하여 풀어보고 반드시 외워두자.

- **'기초 뿌리 뽑기 학습법'은 위에서 아래로 내려가는 학습법이다.** 어떤 개념에 대해서만 하위 개념으로 내려가 처음 생긴 뿌리를 찾아 그 뿌리의 개념부터 다시 공부하는 것이다. 지금 공부하는 과정의 개념이 헷갈려서 이전 과정의 개념에 대한 이해가 절실히 필요할 때 효과가 큰 학습법으로 부족한 개념만을 선별해서 보완할 수 있다. 처음 배울 때부터 개념을 확실하게 다 알고 이해할 수는 없다. 따라서 다른 형태로 반복되어 나올 때 이러한 개념들을 한꺼번에 정리할 수 있는 이와 같은 학습법이 필요하다.

암기

↓

개념

↓

선행

↓

문제풀이

↓

시험

↓

오답 체크

5장

수학은 '시험'이다

수학 문제에도 우선순위가 있다.
"항상 쉬운 문제에서 어려운 문제 순으로!"

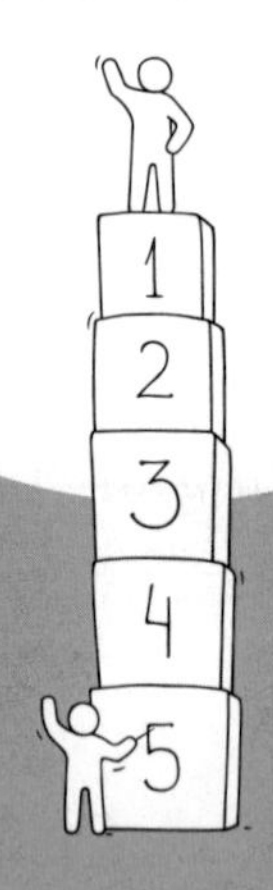

01 빨리 푸는 것이 곧 실력이다

시험, 즉 입시는 결과가 중요합니다. 수학에서의 결과도 당연히 최종적으로는 '시험 점수'입니다. 결국은 시험을 잘 봐야 하는 것이지요. 공부를 많이 했는데 공부한 만큼 결과가 나오지 않는 경우가 참 많아요. 시험을 어떻게 볼지 준비하는 것도 전략입니다.

중요한 시험 전략 중 하나가 바로 '검산'이에요. 수학 시험에서는 실수를 최대한 줄여야 합니다. 아는 것을 제대로 푸는 것이 가장 중요하지요. 아는 것은 완벽하게 다 맞아야 합니다. 그래서 검산이 필요한 것이고요. 수학을 잘하는 학생은 반드시 검산을 합니다. 반면 수학을 못하는 학생은 그저 시간 안에 풀기 바쁘지요. 풀다가 모르는 문제가 나오면 당황해서 아는 문제도 틀리곤 합니다.

검산은 모든 문제를 처음부터 다시 풀어보는 게 아닙니다. 다음 두 가지 방법으로 해야 해요. 첫째는 답을 대입해서 확인하는 방법이고, 둘째는 본인이 푼 풀이 과정을 보고 확인하는 방법입니다. 또 하나 검산에 있어 중요한 것은 문제를 풀고 바로 하는 게 아니라 모든 문제를 다 풀고 나서 해야 한다는 것입니다. 여기에는 전제 조건이 있어요. 문제를 빨리 풀어야 합니다. 식을 제대로 정리해가며 빨리 풀어야 하지요. 따라서 평소에 훈련을 많이 해야 합니다. 시험 보는 중에 검산을 위한 시간도 반드시 남겨둬야 해요. 아무리 검산을 하고 싶어도 시간이 없으면 할 수 없으니 문제를 빨리 푸는 습관이 필요합니다. 해설지에 나온 풀이와 같게 정리하면서 푸는 습관을 들여놔야 빨리 풀 수 있어요. 처음에는 시간이 많이 걸리는 것 같지만 습관이 되면 수학적 사고가 정리되어 문제 푸는 속도가 점점 빨라지기 시작할 거예요.

문제 푸는 시간과 검산하는 시간의 비중은 5대 1 정도가 적당합니다. 시험 시간이 60분이면 50분은 문제 푸는 시간, 10분은 검산하는 시간으로 남겨둬야 하지요. 처음에는 물론 쉽지 않을 수도 있어요. 평소에 문제집의 문제를 풀 때도 집중해서 빨리 풀려고 노력해야 합니다. 그러나 여기서 '빨리 푼다'는 의미를 잘못 이해하면 곤란합니다. 풀이 과정을 생략하면서 풀면 절대 안 됩니다. 항상 해설지의 풀이와 같은 방식으로 또박또박 풀이 과정을 써야 합니다. 이렇게 집중해서 빨리 푸는 연습을 하다 보면 계산 실수도 줄어들 수밖에 없어요.

검산을 미리 생각하고 있는 학생은 시험 시간이 60분이라면 50분 안에 모든 문제를 풀려고 노력할 거예요. 심지어 수학 문제를 잘 푸는 학생은 30분 만에 풀기도 합니다. 무조건 빨리 푸는 학생이 수학을 잘하는 학생은 아니지만 빨리 풀 수 있는 학생이 수학을 잘하는 학생인 것은 맞습니다. 빨리 풀려면 더 집중해야 하고, 모든 개념과 공식도 다 정리되어 있어야 하며, 문제의 조건에서 적절한 개념과 공식을 빨리 꺼내어 풀 수 있는 훈련이 되어 있다는 뜻이기 때문입니다.

반면 검산을 하지 않는 학생은 검산을 하지 않기 때문에 처음 문제를 풀 때 완벽하게 풀어야 합니다. 따라서 한 문제가 안 풀리면 다른 문제로 쉽게 넘어가지 못합니다. 지금 풀지 않으면 다시 살펴볼 시간이 없기 때문입니다. 물론 검산을 한다고 해서 무조건 답이 맞는 것은 아닙니다. 하지만 평소에 빨리 풀고 검산하는 시간을 갖는 학생은 일단 먼저 풀고 '검산하는 시간에 나온 답을 대입해보든지 다시 살펴보면 되겠지' 하며 다음 문제로 넘어갑니다. 심리적인 면에서도 유리하고 한 번 푸는 것보다 두 번 푸는 것이 훨씬 정확합니다. 비교가 되지 않아요. 꼭 두 번 풀어야 합니다. 단, 세 번은 안 됩니다. 시간이 없으니까요.

수학 시험은 시간과의 싸움입니다. 제한된 시간 안에 모든 문제를 해결해야 합니다. 시간 안배가 매우 중요하지요. 수학 시험을 보면 연습이 잘 되어 있는 학생과 그렇지 않은 학생이 극명하게 보입니다. 연습이 안 된 학생은 큰 시험에서 우왕좌왕합니다. 심지어 시험 종료 시간이 다 되어 가는데도 문제풀이는 물론 OMR카드 마킹이 안 되어 있는 경우도 많아요.

모의고사 시험지로 검산하면서 푸는 연습을 미리미리 해둡시다. 검산을 통해 얻는 효과는 정답을 맞히는 것에 그치지 않습니다. 틀린 답을 고쳐서 정답으로 만들 수 있다는 점 외에도 문제를 빨리 풀고 정확하게 푸는 연습이 됩니다.

수학은 문제를 빨리 푸는 학생을 실전에서 당해낼 수 없어요. 손이 빨라지면 머리도 빨라집니다. 머리는 빠른데 손이 느린 학생이 있어요. 그러면 머리는 손의 속도에 맞춰집니다. 손으로 풀이 과정을 빨리빨리 쓰면 그와 동시에 개념과 공식이 바로바로 떠오르도록, 즉 두뇌의 회전 속도가 손의 속도에 맞춰지도록 훈련해야 합니다. 손은 움직이는데 머리가 안 움직인다면 개념과 공식이 머릿속에 정리되어 있지 않은 것입니다. 단원별로 개념과 공식을 문제 유형과 함께 잘 외워놓고 있어야 손이 움직일 때 우리의 두뇌도 활발해지며 함께 속도를 냅니다.

수학은 개념이고, 선행이고, 암기입니다. 이 세 가지가 잘 준비되어 있어야 빨리 풀 수 있어요. 빨리 풀고 싶다고 해서 절대 빨리 풀 수 있는 게 아닙니다. 개념과 공식, 문제풀이를 동시에 머리와 손으로 익혀야 가능하지요. 그리고 검산은 문제를 정확히 풀게 만듭니다. 검산을 하는 것은 문제를 다시 푸는 게 아니라 본인의 풀이 내용을 다시 읽어보며 확인하고 점검하는 것입니다. 풀이를 해설지처럼 적지 않으면 당연히 검산을 제대로 할 수 없어요. 이런 이유로 풀이 과정을 잘 정리해서 써야 한다고 강조하는 것입니다.

검산하는 방법에는 두 가지가 있다고 했지요? 좀 더 구체적으로 알아봅시다. 먼저 답을 대입하는 방법입니다.

예를 들어 "$f'(x)=3x^2-4x+2$이고 $f(1)=3$인 함수 $f(x)$를 구하라"라는 문제에서 적분 개념대로 $f(x)=x^3-2x^2+2x+2$를 구한 다음 역으로 답이 맞는지 문제에 대입해서 확인해보는 것이지요. 즉 미분해서 $f'(x)=3x^2-4x+2$가 나오고 $f(1)=3$이 맞는지 확인해보는 것입니다. 만약 조건에 맞지 않으면 답이 틀린 것이니 어디서 잘못되었는지 풀이 과정을 꼼꼼히 살펴봐야 합니다. 이것이 바로 검산의 두 번째 방법입니다. 풀이 과정을 읽을 수 있으려면 정리가 잘 되어 있어야 합니다.

다시 말하지만 수학에서 검산은 문제를 다시 푸는 것이 아닙니다. 그동안 검산의 의미와 방법을 잘 몰라서 검산을 하지 못했는지도 몰라요. 다시 풀 수 있는 시간도 없고 다시 풀 필요도 없습니다. 다시 풀었는데 보기에 없는 답이 나오면 어떻게 해야 할까요? 또 풀어야 할까요? 이러는 동안 시험은 종료됩니다. 검산을 할 수 있으려면 수학 공부가 잘 되어 있어서 문제 푸는 속도가 빨라야 한다는 전제 조건이 붙습니다. 단원별로 개념과 공식, 문제 유형이 함께 잘 정리되어 있어야 하지요. 평소에 수학 문제를 푸는 것과 시험 시간에 수학 문제를 푸는 것은 많이 달라요. 수학 시험에서 검산은 선택이 아니라 필수입니다.

난이도별로 문제 푸는 속도를 분류해보면 난이도 하에 해당하는 문제는 30초~1분, 난이도 중에 해당하는 문제는 2분, 상에 해당하는 문제는 3분, 최상 난이도의 문제는 5~8분 안에 풀어야 합니다. 시험을 앞두었거나 실전 모의고사 시험지로 연습할 때는 난이도별로 시간을 재어가며 풀어보세요. 한 시간 안에 풀어야 할 문제들을 반밖에 못 풀면 50점도 안 나옵니다. 시간을 재면서 빨리 푸는 연습을 하지 않으면 아는 문제도 틀릴 수 있어요. 평소에 공부한 실력이 잘 발휘되도록 실전 연습을 많이 해야 합니다.

수학 문제를 빨리 풀지 못하는 이유

수학 문제를 빨리 풀지 못하는 유형의 학생들이 있어요. 첫째는 집중력이 약한 학생들입니다. 말 그대로 산만합니다. 공부하는 목적도 의욕도 없이 그냥 해야 하니까 마지못해서 하는 경우지요. 이 생각 저 생각으로 시간을 흘려보내거나 공부하다 말고 수시로 딴 짓을 하고 휴대폰을 들여다보며 집중하지 못합니다. 이런 학생들은 스스로 공부하는 이유와 목표를 정하는 게 먼저입니다. 예를 들어 성적으로 앞서고 싶은 친구 혹은 자신의 장래희망을 목표로 삼아야 합니다. 심리적인 자극을 줘야 해요. 산만했던 학생이 갑자기 집중해서 공부하는 일은 어떠한 계기 없이는 불가능합니다. 책상에 오래 앉아 있는 것보다 단시간이라도 집중해서 공부하는 습관이 중요합니다. 집중하지 않으면 절대 수학 문제를 빨리 풀 수 없어요.

둘째는 연산이 느린 학생들입니다. 연산이 느리다고 해서 일반 계산만 반복하는 학습지를 시켜봐야 소용없어요. 자꾸 덧셈, 뺄셈 같은 사칙연산만 하니 수학을 지루해하고 실력이 늘지 않는 것입니다. 이런 연산 연습을 시키고 문제를 풀게 해도 여전히 계산 속도가 느릴 것입니다. 연산 연습 대신 풀이 과정을 꼼꼼히 쓰게 하는 것이 훨씬 더 효과적입니다. '꼼꼼히 쓰면 더 느릴 텐데'라고 생각하겠지요? 그렇습니다. 처음에는 더 느릴 거예요. 그러나 연산이 느린 이유는 의외로 내용을 잘 몰라서인 경우가 많아요. 그래서 개념을 확실히 심어줘야 합니다. 이런 학생들은 보통 수학적인 감도 부족해서 수학 문제를 스스로 잘 풀지 못합니다. 이럴 때는 해설지를 옆에 놓고 공부하는 것이 좋아요. 일단 머릿속에 개념과 공식을 넣어주어야 합니다. 문제를 보고 해설을 읽어보면 문제에서 주어진 조건과 이에 호응하는 수학적 개념들을 일치시키는 능력이 생깁니다. 해설지를 보고 풀거나 따라 쓰면서 공부해보세요. 중요한 건 이 문제들을 나중에 해설지 없이 꼭 다시 풀어봐야 한다는 것입니다.

셋째는 풀이 과정을 생략하고 암산으로 풀어 실수가 많은 학생들입니다. 수학 문제는 직접 손으로 철저히 써가면서 계산해야 합니다. 문제를 풀기 위한 계산 순서가 엄연히 있는데도 머릿속에서 암산으로 계산하여 풀다 보면 실수가 나옵니다. 이런 학생들의 풀이 과정을 살펴보면 매우 간단하고 정리가 안 되어 있어요. 직접 써서 계산하지 않고 암산을 많이 하면 문제풀이 속도가 빨라질 거라고 생각하지만 전혀 그렇지 않아요. 물론 암산으로도 할 수 있는 아주 기본적인 내용도 굳이 써서 풀라는 뜻은 아닙니다. 다시 말하지만 내용을 정확하게 알면 푸는 속도가 빨라지고 실수도 안 합니다. 실수로 인해 두세 번 다시 푸는 것보다 모든 계산을 직접 써가면서 순서에 맞게 풀 때 훨씬 속도가 빠릅니다.

문제를 빨리 못 푸는 학생이라면 이제 어떻게 해야 하는지 알겠지요? 우선 집중력을 키우고, 내용을 잘 파악하여 연산 속도를 올리세요. 풀이 과정의 계산을 직접 다 쓰면서 풀면 됩니다. 수학을 못하는 이유를 다른 곳에서 찾으면 안 됩니다. 그렇다고 수학 문제를 빨리 풀라고 재촉하면 오히려 긴장해서 실수하거나 더 천천히 풀게 되니

강요해서는 안 됩니다. 꾸준한 연습으로 습관을 들여야 하지요.

문제를 빨리 푸는 요령에 대해 좀 더 알아볼까요. 수학 문제를 빨리 풀려면 문제를 읽으면서 동시에 기억해야 합니다. 문제를 일단 외워놓고 구하고자 하는 것이 무엇인지 파악해야 하지요. 문제의 요지를 빠르게 파악하여 외워놓지 않으면 문제를 풀다가 다시 문제를 읽고, 또 문제를 풀다가 다시 문제를 읽으며 아까운 시간을 흘려버립니다. 반면 수학을 잘하는 학생은 문제에서 무엇을 요구하는지부터 외워놓고 풀이를 시작합니다. 무엇을 답으로 구해야 하는지는 문제 맨 끝을 보면 나와 있어요. 너무나 쉽지요.

'아! 방정식을 구하는 문제구나. 문제에서 두 수가 주어졌어. 그러면 이 두 수를 두 근으로 하는 방정식 공식이 뭐였더라? 아, 두 수 a와 b가 주어졌을 때의 방정식 공식은 $x^2-(a+b)x+ab=0$이야. 여기에 대입만 하면 되네!' 이런 순서대로 문제를 풀어나가야 합니다. 문제에서 구하고자 하는 것이 무엇인지를 먼저 확인한 뒤 그것을 머릿속에 입력한 다음, 문제의 주어진 조건을 파악하면 문제를 다시 읽는 시간도 단축되고 조건에 맞는 공식도 정확하게 꺼내어 쓸 수 있습니다. 문제를 풀 때 스스로에게 말할 수 있어야 해요. 예를 들면 '아, 이 문제는 $x+y$값을 구하는 거구나. x와 y를 구하기 위해 어떤 조건이 주어졌는지 확인해보자'라고요. 문제를 읽는 동시에 구하고자 하는 것과 조건들을 머릿속에 정리하고 기억하는 연습을 꾸준히 해야 합니다.

수학은 시간 배분이 매우 중요한 과목입니다. 앞에서 소개한대로 자신의 목표를 떠올리며 집중하고, 내용을 정확하게 알며, 풀이할 때 모든 계산을 정확하게 쓰고, 마지막으로 꼼꼼히 검산하며 마무리하는 연습을 해보세요. 문제를 빨리, 정확하게 풀 수 있다면 수학 성적은 오를 수밖에 없습니다.

02 꼼꼼함이 승부를 가른다

수학 문제를 풀 때 실수만 줄여도 수학 점수가 많이 올라갑니다. 실수는 왜 하게 될까요? 확신이 없으면 실수합니다. 또 자신이 없으면 실수합니다. 실수하지 않으려면 너무 당연하지만 일단 공부를 잘 해놓아야 해요. 개념과 공식을 머릿속에 잘 정리해놓은 다음 풀이 과정을 꼼꼼하게 써야 하지요. 그러면 연산도 같이 빨라지고 정확해집니다.

시험을 보고 나면 부모들은 자녀에게 이렇게 묻곤 하지요. "몇 개 틀렸니?" 그러면 아이는 "다섯 개요. 다 아는 건데 실수로 틀렸어요. 몰라서 틀린 건 두 문제밖에 없어요"라고 대답합니다. 시험이 끝나면 많은 학생들이 하는 말이기도 합니다. "공부를 안 해서 못 봤어요"라고 말하는 학생은 차라리 개선의 여지가 있어요. 공부를 안 해서 못 봤기 때문에 공부를 하면 되지요. 하지만 "실수를 많이 해서 못 봤어요"라고 말하는 학생은 다듬어야 할 부분이 너무 많습니다. 공부 방법이 잘못된 경우가 대부분이지요. 실수가 아니라 잘 몰라서 틀린 것입니다. 얼핏 문제만 어디서 본 것 가지고 본인은 '안다'고 생각하는 것이 문제입니다. 정확하게 다 풀 수 있어야 아는 것입니다.

수학에서 실수를 줄이는 방법은 평소에 풀이 과정을 꼼꼼히 쓰는 습관을 들이는 것입니다. 그런데 이 습관을 들이기가 생각보다 어렵습니다. 고등학생들은 더욱더 힘들지요. 중학생들은 습관을 바꿀 수 있어요. 저학년일수록 쉽지요. 따라서 초등학생이나 중등 저학년일수록 답을 구해서 당장 정답이 나오는 것에 기뻐하지 말고 푸는 과정을 옆에서 지켜봐야 합니다. 부모나 선생님이 "풀이 과정을 잘 써야 해"라고 말해도 대부분의 학생들은 어떻게 써야 할지 잘 모릅니다. 쓰는 방법을 정확히 짚어서 알려줘야 해요. 줄이 있는 노트에 또박또박 써보고 그래도 어렵다면 해설지에 있는 풀이를 그대로 따라 쓰면 됩니다. 이렇게 꾸준히 연습하면 실수하지 않습니다.

문제집을 풀 때는 해설지를 가까이 해야 합니다. 해설지도 꼼꼼히 살펴보고 공부해야 하는 수학책의 일부라는 사실을 잊지 마세요. 누가 더 많이 해설지를 보고 공부하느냐에 따라 수학 실력이 달라집니다. 수학 문제를 풀 때 해설지를 참고하지 말고 본인의 힘으로

만 풀어야 한다고 주장하는 사람들이 있는데 정말 말도 안 되는 소리입니다. 그러면 이해가 잘 되지 않을 때 무엇을 보고 공부해야 할까요? 교재를 만들 때 문제를 만드는 것보다 해설지를 만드는 시간이 더 오래 걸립니다. 해설지를 보고 어떻게 제대로 푸는가를 배워야 합니다. 배워야 하니 학생인 것입니다. 학생들 입장에서는 익혀야 할 것이 많은 수학이 얼마나 어려울까요? 이런 아이들을 허허벌판에 그냥 내버려두어서는 안 됩니다.

과정이 결과를 만든다

좋은 선생님과 좋은 부모는 학생들을 좋은 길로 안내합니다. 좋은 공부법을 제안하고 그 방향으로 이끌어주지요. 고등학교 수학은 학문이 아닙니다. 이 많은 학생이 다 수학을 학문으로 삼거나 수학자가 될 필요는 없어요. 차근차근 개념과 공식을 정확하게 이해해서 여러 개념이 복합된 문제를 잘 풀어냄으로써 내신과 수능 등급을 잘 받으면 그만입니다.

쉽게 공부하는 법을 알면 수학이 쉬워집니다. 수학을 쉽게 공부하는 방법이 바로 해설지를 가까이하는 것이에요. 모르면 일단 해설지에 나온 풀이들을 그냥 다 외워도 됩니다. 외울 수 있다는 것은 일단 뭐라도 알고 있다는 뜻이니까요. 모르는 채 대강 넘어가는 것보다 훨씬 효과적입니다. 몰랐던 문제가 해설지를 보면 조금 이해되니 자신감도 붙게 됩니다.

학생이 모르는 수학 문제를 들고 와서 질문할 때 어떤 선생님은 문제를 처음부터 끝까지 다 풀어줍니다. 또 어떤 선생님은 해설지를 보고 어디서부터 어디까지 이해가 안 되고 막히는지 파악해서 그 부분만 가르쳐줍니다. 후자가 노련한 선생님이에요. 모르는 부분의 풀이만 해결해주면 학생이 스스로 풀어낼 수 있으니까요. 이렇게 해설지는 여러모로 도움이 됩니다.

풀이 과정을 꼼꼼히 쓰는 것이 완전히 몸에 익은 학생은 매우 강력한 무기를 장착한 것과 같아요. 문제풀이에 있어서 실수할 확률이 줄어들게 되니까요. 풀이 과정을 꼼꼼히 쓰는 태도를 만들지 않고 문제풀이만 하면 어느 순간 한계에 부딪히고, 시험 보고 나서는 실수했다고 안타까워하는 상황이 매번 반복될 것입니다. 수학 시험을 잘 보고 싶다면, 실수를 줄이고 싶다면 무조건 풀이 과정을 꼼꼼히 쓰는 연습부터 해야 합니다. 과정이 결과를 만들어낸다는 사실을 믿으세요!

03 언제나 연습도 실전처럼

"열심히 공부했는데 왜 시험을 못 볼까요?" "왜 실전에서는 실력 발휘가 안 되고 문제가 잘 안 풀릴까요?" 안타깝게도 이런 푸념을 늘어놓는 학생들이 정말 많습니다. 실제 시험에 익숙해지도록 실전 문제 푸는 연습을 많이 해야 합니다. 문제 푸는 순서와 시간 안배와 같은 요령을 실전 문제를 통해 자연스럽게 몸에 익혀야 하는 것이지요.

수학 문제에도 우선순위가 있습니다. 1번부터 끝번까지 순서대로 푸는 것이 아니에요. 1번 문제를 풀다가 막혀도 반드시 그 문제를 해결해야만 다음 문제로 넘어가는 학생들이 있어요. '조금만 더 풀면 될 것 같아' '이 문제를 해결해야 다음 문제로 맘 편히 넘어갈 수 있어' 이렇게 한 문제를 붙잡고 씨름하는 동안 어느새 시간은 훌쩍 지나가고 마음은 점점 더 조급해집니다. 옳은 방법이 아니에요. 그렇다면 어떤 순서대로 문제를 풀어야 할까요?

먼저 내신 시험의 문제 푸는 순시를 정리해봅시다. 내신 시험은 객관식과 단답형/서술형 문제로 되어 있어요. 쉬운 문제와 어려운 문제가 골고루 섞여 있지요. 문제마다 옆에 배점이 적혀 있습니다. 이 배점을 꼭 확인해야 해요. 배점에 따라 전략적으로 순서를 정해서 풀어나가야 하기 때문입니다.

문제 푸는 순서를 간단히 정리하면 [쉬운 객관식 문제] → [쉬운 단답형/서술형 문제] → [어려운 객관식 문제] → [어려운 단답형/서술형 문제] 순입니다.

일반적으로 학생들은 객관식을 다 풀고 단답형이나 서술형 문제를 풀려고 합니다. 하지만 서술형 문제가 객관식 문제보다 배점이 더 높아요. 그런데 높은 배점에 비해 난이도가 높지 않은 경우가 많습니다. 난이도가 낮아서 누구나 맞히는 문제는 나도 정답을 맞혀야 합니다. 여기서 실수를 하거나 틀리면 등급에 있어 손해를 많이 보게 되지요. 쉬운 문제는 빨리빨리 풀고 어려운 문제는 시간을 많이 남겨놓고 여유 있게 풀어야 해요.

어려운 객관식 문제와 어려운 서술형 문제 중에서는 객관식 문제부터 풀어야 합니다. 보기가 있어 답을 구하기가 훨씬 쉬우니까요. 객관식 문제는 잘 안 풀리면 보기의 답들을 역으로 대입하거나 추론할 기회라도 있지만 어려운 서술형 문제는 그럴 시간도 기회도

4. $\log_2\sin60^\circ + \log_2\tan30^\circ + \log_2\cos60^\circ$ 의 값은? [2.7점]

① -2 ② -1 ③ $\frac{1}{2}$

④ 2 ⑤ 4

[단답형1]

$\tan\theta = \sqrt{2}$일 때, $\frac{\sin\theta\cos\theta}{1-\cos\theta} + \frac{\sin\theta\cos\theta}{1+\cos\theta}$의 값을 구하시오. [3점]

[서 • 논술형1]

그림과 같이 반지름의 길이가 $\sqrt{3}$인 세 원 A, B, C 가 있다. 각각의 원이 서로 다른 두 원의 중심을 지날 때, 세 원의 내부가 모두 겹쳐진 부분의 넓이를 구하여라. [6점]

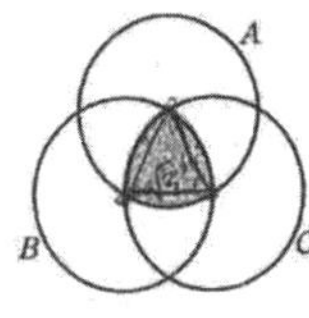

[5-1]

난이도 하에 해당하는 문제의 예시.

10. 부등식 $|\log_2 a - \log_2 5| + \log_2 b \le 1$을 만족시키는 두 자연수 a, b의 순서쌍 (a,b)의 개수는? [3.9점]

① 6 ② 7 ③ 8

④ 9 ⑤ 10

[단답형3]

$x > 0$에서 정의된 두 함수

$f(x) = \log_{\frac{1}{2}}\frac{8}{x}$, $g(x) = 2x^2 - 4x + 18$에 대하여 함수

$(f \circ g)(x)$의 최솟값을 구하시오. [4점]

[서 • 논술형3]

두 집합

$A = (x,y) \mid \log_2(2x+y) = \log_4(x^2+xy+7y^2)$

$B = (x,y) \mid \log_3(3x+y) = \log_9(x^2+xy+ay^2)$

에 대하여 $A \cap B \neq \varnothing$일 때, 상수 a의 값을 모두 구하시오. (단, x, y는 0이 아닌 실수이다.) [8점]

[5-2]

난이도 중에 해당하는 문제의 예시.

16. 두 함수 $f(x) = \frac{1}{2}log_a x$, $g(x) = \log_{\frac{1}{a}} x$ $(a > 1)$에 대하여 두 곡선 $y = f(x)$, $y = g(x)$의 그래프가 다음 그림과 같다. 점 $A(1, 0)$을 지나고 x축의 양의 방향과 이루는 각의 크기가 30°이고 기울기가 양수인 직선 l_1이 곡선 $y = f(x)$와 만나는 점 중 A가 아닌 점을 B, 점 B를 지나고 직선 l_1에 수직인 직선 l_2가 곡선 $y = g(x)$와 만나는 점 중 x좌표가 1보다 큰 점을 C, 점 C를 지나고 직선 l_2에 수직인 직선 l_3이 x축과 만나는 점을 D라 하자. l_2와 x축이 만나는 점 E에 대하여 $\overline{AE} : \overline{ED} = 1:3$일 때, $\overline{BD}^2$의 값은? [5.2점]

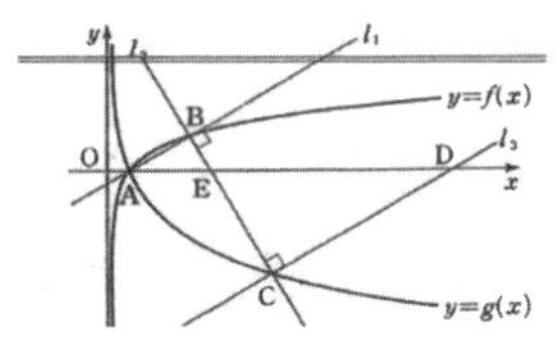

[서 • 논술형2]

$2 \le n \le 9$인 자연수 n과 정수 a가 다음 조건을 만족시킬 때, 모든 순서쌍(n, a)를 구하시오. (단, 틀린 답을 제시할 경우 각각 1점씩 감점함.)

(가) $\sqrt[n]{a} < 0$

(나) $\sqrt[n]{(-1)^n} \times \sqrt[n+1]{(n+a)^{n+1}} = -4$

[5-3]

난이도 상에 해당하는 문제의 예시.

난이도에 따라 문제의 배점도 각각 다르다는 것을 알 수 있다. 객관식의 점수 범위는 2.3점~5.2점, 단답형은 3~4점, 서술형은 6점~9점으로 분포되어 있으며 각 문제의 난이도 스펙트럼은 동일하다.

없어요. 그래서 어려운 서술형 문제는 다른 문제를 빨리 풀고 시간을 많이 벌어둔 상태로 풀어야 합니다. 시간 배분을 잘 못해서 어려운 서술형 문제를 놓치면 높은 등급을 받기 어렵습니다.

이번에는 수능 시험의 문제 푸는 순서를 생각해봅시다. 현재 입시 체제는 공통과목 22문항, 선택과목 8문항입니다. 가장 어려운 킬러 문제는 15번, 22번, 30번입니다. 수능 시험 문제의 배점은 2점, 3점, 4점으로 2점은 가장 쉬워서 20~30초 만에 풀 수 있는 문제이고, 그 다음 난이도가 3점, 제일 어려운 난이도의 문제가 4점입니다. 수능 시험 문제는 먼저 킬러 문제 세 문제를 놔두고, 배점이 낮은 문제부터 높은 문제 순으로 즉 [2점] → [3점] → [4점] 순서대로 풉니다. 킬러 문제 세 개 중에서 15번 문제는 의외로 잘 풀리는 경우가 많아요. 따라서 15번 문제를 먼저 풀고, 나머지 22번과 30번을 풉니다.

수능 시험에서 높은 등급을 받으려면 킬러 문제 세 문제 중 적어도 두 문제는 맞혀야 합니다. 15번 문제는 쉽게 풀릴 수도 있으니 22번과 30번 문제를 여유 있게 풀 수 있도록 시간을 많이 남겨둬야 합니다. 그런데 만약 3등급이나 4등급을 목표로 하는 경우라면 이런 킬러 문제는 안 풀고 그냥 넘어가도 됩니다. 나머지 문제를 최대한 많이 맞히겠다는 마음으로 세 문제를 뺀 나머지 문제들만으로 시간을 안배해서 풀어도 상관없어요. 수능 시험에서는 이렇게 킬러 문제 세 개가 시간 안배에 있어서 굉장히 중요한 역할을 합니다. 그만큼 어렵고 푸는 데 시간이 오래 걸리기 때문입니다.

시간 안배가 왜 중요할까?

시험을 볼 때 시간을 안배해서 풀어야 하는 첫 번째 이유는 '아는 문제는 무조건 다 맞아야 하기 때문'입니다. 열심히 공부한 만큼 시험에서 120퍼센트의 실력을 발휘해야 하는데 충분히 맞을 수 있는 문제를 틀리면 그야말로 가슴을 내리치게 되지요. 따라서 쉬운 문제는 다 맞아야 합니다. 쉬운 문제를 먼저 풀어야 하는 이유도 바로 여기에 있어요. 쉬운 문제라 하면 기본 공식을 대입하면 바로 나오는 문제이거나 빈번히 출제되는 흔한 유형의 문제들을 말합니다. 열심히 공부했다면 많이 생각할 필요도 없이 바로 풀릴 거예요. 그러고 나면 자신감도 생길 테고요. 실전에서는 자신감이 상당히 중요합니다. 비록 다른 학생도 다 맞는 쉬운 문제지만 '이 정도쯤이야 나도 문제없어!' 하고 자신감 있게 풀다 보면 시험장에서의 떨리는 마음도 조금씩 나아집니다.

시험지를 받으면 먼저 처음부터 끝까지 쭉 한번 읽어본 뒤 그중에서 쉬운 문제를 찾아 먼저 풀라고들 하지요. 하지만 그럴 필요 없어요. 배점만 봐도 쉬운 문제와 어려운 문제를 빠르게 구분할 수 있으니까요. 내신 시험은 문제 옆에 배점이 나와 있고, 수능 시험은 2점과 3점 중 일부 문제들이 그렇습니다. 시험지 전체를 살펴보다가 어려운 문제가 눈에 띄면 불안한 마음이 들고 쉬운 문제를 풀면서도 자꾸 어려운 문제가 눈앞에서 어른거리게 되지요. 그러다 보면 갑자기 초조해지면서 문제 푸는 속도가 늦어지기도 합니다. 한숨이 절로 나오겠지요. 수학 시험은 심리전이기도 합니다. 마음을 잘 다스려야 해요. 빠른 시간 안에 쉬운 문제를 먼저 푸는 게 가장 중요합니다. 내신 시험에서는 배점이 낮은 객관식 문제와 쉬운 서술형 문제, 수능 시험에서는 2~3점짜리 문제들이 이에 해당됩니다.

시간을 안배해서 풀어야 하는 두 번째 이유는 '내가 풀어야 하는 문제를 선택할 수 있기 때문'입니다. 모든 학생이 내신 1등급과 수능 1등급이 목표인 것은 아닙니다. 내신 3등급이나 4등급, 수능 3등급이 목표일 수도 있어요. 이 등급을 목표로 해도 상관없습니다. 항상 최선을 다하고 현재보다 더 나아지면 되는 거니까요. 어느 정도의 문제를 풀어야 예상하는 등급이 나올지 스스로 파악이 될 것입니다. 버려도 되는 문제는 과감히 버리세요. 못 푸는 문제를 쓸데없이 오래 붙잡고 있을 필요 없습니다.

제가 아는 어떤 고3 학생은 공부를 다시 시작한 지 얼마 되지 않아 문제풀이를 여유 있게 할 수 있는 시간이 없었습니다. 이과였던 이 학생은 수능 시험에서 3등급 또는 4등급만 나와도 대성공이었지요. 이 학생이 킬러 문제를 꼭 풀어야 할 이유가 있을까요? 물론 제대로 이해하고 푸는 것도 불가능합니다. 풀 수 있는 문제만 제대로 다 풀어도 훌륭하지요. 이 학생의 경우 킬러 문제 세 개를 다 틀리고 풀 수 있는 나머지 문제들을 다 맞히면 2등급도 나올 수 있어요. 물론 운이 좋으면 킬러 문제도 맞힐 수 있고요.

수학 문제를 풀 때 내가 꼭 풀어야 할 문제, 아깝지만 과감히 버려야 할 문제를 선별해야 합니다. 수학 시험을 보는 중에 갑자기 초능력이 생기지는 않습니다. 결과는 공부한 대로, 본인의 실력대로 나옵니다. '그래도 혹시 이 문제를 풀 수 있지 않을까' 하고 미련하게 시간을 많이 할애하지만 가능성은 5퍼센트도 되지 않습니다. 이런 무모한 짓은 실전에서 절대로 해서는 안 됩니다. 연습 때도 마찬가지고요. 연습은 실전을 위한 대비니까요.

시간을 안배해서 풀어야 하는 세 번째 이유는 '마킹할 수 있는 여유 시간을 만들어놔야 하기 때문'입니다. 마킹을 중시하지 않는 경향이 있는데 시험 시간 안에는 마킹하는 시간도 포함됩니다. 시험 시간이 50분이면 45분 동안 문제를 풀고 5분은 마킹할 시간으로 남겨두고, 시험 시간이 100분이면 90분 동안 문제를 풀고 10분은 마킹할 시간으로 남겨두어야 합니다. 마킹하는 시간을 빼놓지 않으면 문제풀이를 다 하고도 마킹을 제대로 하지 못한 채 답안지를 제출해야 하는 엄청난 상황이 벌어지지요. 여유 있게 마킹하지 않으면 마킹도 실수하기 쉽습니다. 잘 풀어놓은 문제를 마킹 실수로 망치면 그것만큼 안타까운 일도 없지요. 마킹, 아무리 강조해도 지나치지 않는 마지막 한 수입니다.

열심히 공부한 실력은 시험에서 제대로 발휘되어야 합니다. 내신 시험을 앞두고 모의고사 문제로 실전테스트를 많이 해야 합니다. 다시 한 번 강조하지만 항상 쉬운 문제에서 어려운 문제 순으로 풀고, 어려운 문제는 먼저 보려고 하지 마세요. 내신 시험 문제는 서술형 배점이 높아서 쉬운 서술형 문제를 어려운 객관식 문제보다 먼저 풀어야 합니다. 수능 시험 문제는 2점, 3점, 4점 문제 순으로 풀고 킬러문제 15번, 22번, 30번은 나중에 풀어야 해요. 킬러 문제는 자신이 없으면 과감히 포기하고 나머지 문제를 확실하게 푸는 전략도 나쁘지 않습니다. 결론은 '아는 쉬운 문제부터 확실하게 풀어놓자' 입니다. 그리고 마지막으로 연습을 통해 이 모든 것이 익숙해지도록 해야 한다는 것을 잊지 마세요!

04 실패하지 않는 시험의 기술

시험지를 받고 문제를 풀 때는 일단 생각을 정리하고 시작해야 합니다. 문제의 조건을 읽고 나서 문제를 대략적으로 외운 후에는 문제에 해당하는 단원을 생각하고 그 단원의 공식과 개념을 떠올려야 합니다. 또한 습관적으로 연필을 바쁘게 움직여야 합니다. 문제 옆에 해당 단원명과 공식을 간단히 적어놓고 시작한다면 문제가 더 정확하게 풀릴 것입니다. 수학 시험은 주어진 시간 안에 모든 문제를 풀어야 하는 만큼 문제풀이 속도가 중요한데 공식을 적어가면서 풀어도 충분히 시간 안에 풀 수 있고 오히려 더 빨리 풀립니다.

하지만 수학 공식 중에는 아무리 외워도 자꾸 까먹고 잘 안 외워지는 것들이 있어요. 이럴 때는 '공식 요약본'을 활용해봅시다. 작은 종이에 작은 글씨로 공식들을 빼곡히 적어놓고 평소에 가지고 다니

[공식 요약본]

1. 등차수열.

① 일반항 $a_n = a+(n-1)d$. (첫째항이 a, 공차가 d)

$a_n = pn+q \iff$ 수열 $\{a_n\}$은 공차가 p인 등차수열.

② 등차중항 a, x, b가 등차수열 $\iff 2x=a+b \iff x=\frac{a+b}{2}$

세 수가 등차수열 $\Rightarrow a-d,\ a,\ a+d$

네 수가 등차수열 $\Rightarrow a-3d,\ a-d,\ a+d,\ a+3d$

③ 등차수열의 합

$$S_n = \frac{n(a+l)}{2} = \frac{n(2a+(n-1)d)}{2}$$ (제 n항이 l)

④ S_n과 a_n의 관계.

$a_1 = S_1$

$a_n = S_n - S_{n-1}$ $(n=2, 3, 4 \cdots)$

2. 등비수열.

① 일반항 $a_n = a \times r^{n-1}$ 첫째항이 a, 공비가 r.

② 등비중항 a, x, b가 등비수열 $\iff x^2 = ab$.

③ 등비수열의 합.

$r \neq 1$ 일 때 $S_n = \frac{a(r^n-1)}{r-1} = \frac{a(1-r^n)}{1-r}$

$r=1$ 일 때 $S_n = na$.

$S_n = p(r^n-1)$ 일 때 $\Rightarrow$ 공비가 r인 등비수열.

[5-4]

공식 요약본의 예시로 작은 종이에 작은 글씨로 공식들을 빼곡히 적어놓았다.
공식 요약본은 시험 기간 때는 물론 평소에도 가지고 다니면서 외워야 한다.

면서 외우는 것이지요. 그러다가 시험 당일이 되면 이 공식 요약본을 시험이 시작되기 직전까지 계속해서 읽고 외우며 머릿속에 정리해두는 거예요. 시험 범위가 정해져 있는 시험은 나올 공식들도 뻔하기 때문에 충분히 예측이 가능합니다.

이렇게 외운 공식들을 시험지를 받으면 바로 잽싸게 시험지의 여백에 적어놓습니다. 솔직히 모든 공식을 다 정확히 외워놓기란 쉽지 않아요. 헷갈리고 잘 외워지지 않는 중요한 공식은 별수 없이 이런 방법을 써야 합니다. 공식을 정확히 외우고 있지 않으면 문제를 풀 수 없으니까요.

시험을 치를 때 공식이 생각 안 나고 헷갈리면 그만큼 암담한 것도 없지요. 문제를 빨리 풀어야 하므로 공식을 유도할 여유도 없습니다. 시험 전에 공식 정리를 다 해놓아도 한번 헷갈린 것은 계속 헷갈리는 경우가 많습니다. 그럴 때 공식 요약본이 많은 도움이 될 거예요. 실제로 시험 시간을 앞두고는 더 열심히 보게 됩니다. 마음이 급하니까요.

중고등수학은 무조건적인 수리 이해 능력으로 문제를 푸는 것이 아닙니다. 암기와 훈련이 바탕이 되어야 하지요. 그렇게 긴 문장제 문제들로는 학생들의 창의적인 수리 능력이 향상되지 않습니다. 그저 학생들에게 배워야 할 개념을 더 많이 가르쳐주면 학생은 더 많은 개념을 익혀서 더 많은 문제를 더 잘 풀게 됩니다. 초등학생은 창의력 수학을 하는 대신 아예 맘 편히 놀게 하는 게 나아요. 억지로 창의력 수학을 시켜서 수학을 싫어하게 만드는 것보다 수학 공부를 하지 않는 편이 더 낫습니다.

반복과 암기는 자신감을 만들어준다

다시 말하지만 중고등수학은 대부분 암기이고 수학적 개념을 문제에 어떻게 적용해야 하는지를 배우는 과정입니다. 따라서 '얼마나 개념과 공식을 잘 외우고 있고 문제에 잘 적용해서 빨리 푸느냐'가 시험의 관건이지요. 유형별로 문제를 많이 풀다 보면 '아, 이 문제는 이 공식을 활용해서 풀면 되는구나' 하고 더 빨리 풀게 됩니다. 숙달되는 것이지요. 문제를 보는 순간 해당 공식이 기계적으로 나올 정도로 숙달되어야 합니다.

단, 수학적 개념과 공식을 배우고 익힐 때는 철저히 직관이 아닌 지식을 기반으로(개념적으로) 공부해야 합니다. 공식을 증명할 수 있어야 하고, 설명할 수 있어야 하지요. 공식을 유도하고 증명한 내용이 문제풀이에 다 활용되므로 꼭 알고 있어야 해요. 물론 수능 시험이 논술 시험은 아닙니다. 내신 시험도 두세 문제 주어지고 한 시간 동안 푸는 완전 서술형 문제가 아니지요. 그럼에도 개념적으로 완벽히 이해한 공식이어야만 자유자재로 쓸 수 있습니다. 내신 시험은 주로 50분 동안 평균 25문제를 풀어야 하고, 수능 시험은 100분 동안 30문제를 풀어야 합니다. 기계적으로 빨리빨리 푸는 수밖에 없어요. 문제를 보면 해당 공식이 바로 떠올라야 합니다.

문제를 풀기 전에 문제 옆에 항상 해당 단원명을 적는 것이 습관이 된 학생은 과정별로 단원명을 다 외우고 있을 거예요. 그리고 단원에 나오는 모든 개념과 공식도 머릿속에 정리되어 있을 테고요. 백지테스트로 스스로를 계속 점검해온 학생이라면 시험 준비가 매우 잘 되어 있을 것입니다. 물론 문제를 다 풀고 나서 떠올린 개념과 공식이 맞는지 한 번 더 확인하고 답이 맞는지 검산해야 합니다. 이러한 훈련을 평소에 꾸준히 해두어야 해요. 물론 연습을 해도 시험 때 실수할 수 있어요. 그땐 그 시험을 발판 삼아 다시 공식을 외우고 문제 유형을 보다 확실히 외워두면 됩니다. 잘못 외운 것은 고치면 그만이고 놓친 부분은 다시 채우면 되지요. 시험은 언제나 긴장되고 떨립니다. 시험에 익숙해지는 것은 어렵지만 문제 유형에 익숙해질 수는 있어요. 반복과 암기, 그것에서 나오는 확신이 바로 수학 시험을 잘 보는 비결이자 가장 좋은 전략입니다.

수학은 시험이다 | 핵심 요약 노트

- **수학 시험에서는 실수를 최대한 줄이고, 아는 것은 다 맞아야 좋은 점수를 얻을 수 있다.** 그러기 위해서는 검산을 반드시 해야 하는데 검산하는 방법에는 답을 대입해서 확인하는 방법과 본인이 푼 풀이 과정을 보고 확인하는 방법이 있다. 문제 푸는 시간과 검산하는 시간의 비중은 5대 1 정도가 적당하며, 중요한 건 한 문제를 풀고 바로 하는 게 아니라 모든 문제를 다 풀고 나서 해야 한다는 것이다. 검산을 하면 빨리 푸는 연습이 되고 정확하게 푸는 연습이 된다. 단, 문제를 풀 때 풀이 과정을 해설지의 풀이처럼 또박또박 적지 않으면 검산을 하기 어렵다.

- **수학에서 실수를 줄이려면 가장 먼저 평소에 풀이 과정을 꼼꼼히 쓰는 습관을 들여야 한다.** 그런데 이 습관을 들이기가 생각보다 어렵다. 초등학생이나 중등 저학년일수록 답을 구해서 당장 정답이 나오는 것에 기뻐하지 말고 풀이 과정을 잘 쓰고 있는지 점검해야 한다. 가장 좋은 방법은 줄이 있는 노트에 해설지에 있는 풀이를 보고 또박또박 따라 쓰는 연습을 하는 것이다.

- **수학 시험을 볼 때는 주어진 시간 안에 모든 문제를 풀어야 하므로 문제를 푸는 순서에도 요령이 필요하다.** 내신 시험은 크게 객관식 문제와 단답형/서술형 문제로 구성되는데 [쉬운 객관식 문제] → [쉬운 단답형/서술형 문제] → [어려운 객관식 문제] → [어려운 단답형/서술형 문제]의 순서대로 문제를 풀어야 한다. 한편 수능 시험에서는 공통과목 22문항과 선택과목 8문항이 주어지는데 킬러 문제인 15번, 22번, 30번 문제를 제외하고 배점이 [2점] → [3점] → [4점]인 문제의 순으로 풀어야 한다. 킬러 문제 세 문제 중에서 15번

문제는 의외로 잘 풀리는 경우가 많기 때문에 15번 문제를 먼저 풀고 나머지 22번과 30번 문제를 풀면 된다. 한마디로 '아는 쉬운 문제부터 확실하게 풀어놓자'는 것이다.

- **시험지를 받으면 문제에서 구하고자 하는 것이 무엇인지, 어떠한 조건이 주어졌는지 파악하여 그것을 되도록 외우려고 노력해야 한다.** 그 후에는 문제에 해당하는 단원명을 생각하고 활용할 개념과 공식을 떠올려야 한다. 문제를 풀기 전에 해당 단원명과 개념, 공식들을 문제 옆에 간단히 써놓으면 시간이 더 오래 걸릴 것 같지만 문제가 더 빨리 풀리고 더 정확하게 풀린다.

- **아무리 외워도 자꾸 까먹고 잘 안 외워지는 공식들은 '공식 요약본'을 활용하자.** 공식 요약본이란 작은 종이에 작은 글씨로 공식들을 빼곡히 적어놓은 것으로 평소에 가지고 다니면서 외우고, 시험 직전까지 손에 들고 외우다가 시험지를 받으면 이 공식들을 잽싸게 시험지의 여백에 적어놓는 것이다. 중고등수학은 무조건적인 수리 이해 능력으로 문제를 푸는 것이 아니다. 암기와 훈련이 바탕이 되어야 한다. 시험을 잘 보는 비결이자 최고의 전략은 반복과 암기, 그것에서 나오는 확신이다.

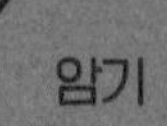

암기

↓

개념

↓

선행

↓

문제풀이

↓

시험

↓

오답 체크

6장

수학은 '오답 체크'다

오답 체크를 할 때 필요한 것은
오답 노트가 아닌 개념서다.
"틀린 문제만 다시 풀지 말고 개념 공부를 확실히!"

01 오답을 알아야 정확한 개념이 보인다

대부분의 선생님들이 학생들에게 문제 푸는 방법은 상세히 알려주지만 오답을 어떻게 체크해야 하는지는 잘 알려주지 않습니다. 하지만 이것은 중요한 문제입니다. 학생들에게 오답 체크를 왜 해야 하는지 명확하게 알려주어야 해요. 오답 체크를 안 하면 어떤 결과가 벌어지는지도 알려주어야 하고요. 아이들은 이유가 확실하고 본인 스스로 뼈저리게 느껴야 실천합니다. 그냥 막연히 하라고 하면 하지 않고 어떻게 해야 하는지도 모릅니다. 오답 체크를 하지 않고 문제만 푸는 것은 아무 의미가 없어요. 수학 시험은 평가의 목적도 있지만 배워나가는 학생들에게 다시 공부해야 할 곳을 알려주는 데 더 큰 의의가 있습니다. 어느 부분이 부족하니 복습이 필요하다고 알려주는 것이지요.

이렇게 시험을 통해 다시 공부해야 할 곳을 알려주는데 그 부분을 공부하지 않으면 어떻게 될까요? 그리고 다시 공부해야 할 곳을 알려준다는 것은 무슨 의미일까요? 시험을 본 뒤 틀린 개수나 눈앞의 점수에 너무 속상해하지 마세요. 부족한 부분을 다시 보완하라고 신호를 주는 거니까요. 하지만 내신 시험과 수능 시험에서는 틀리는 것을 최소화해야 합니다. 지금 말하는 시험은 대학 입시와는 관계없는, 대학 입시와 관계 있는 중요한 시험들을 보기 전까지 수없이 거치는 많고 많은 시험들을 말하는 거예요. 시험지를 채점하고 틀린 문제가 나오면 소중히 다뤄야 합니다. 그 안에 보석이 있다고 생각하세요. 가끔 생각보다 큰 보석을 얻게 되기도 합니다.

시험에서 틀린 문제의 개념을 다시 공부하고 비슷한 문제를 여러 번 풀었는데 한 달 뒤 대입 시험에서 같은 유형의 문제가 나와서 자신 있게 풀었던 기억이 납니다. 먼저 봤던 시험에서 그 문제를 틀렸을 때 잘못된 개념을 바로 잡지 않고 다시 공부를 하지 않았다면 대입 시험에서 그 문제를 또 틀렸을 것이고 점수가 낮아져 대입의 향방이 바뀌었을지도 모릅니다. 이것이 현실입니다. 한번 배운 개념이 계속 머릿속에 남아 있다면 정말 좋겠지만 수시로 까먹기도 하고, 문제를 계속 풀다 보면 예전에 잘 알았던 개념도 헷갈리곤 합니다. 반복하는 수밖에 없어요.

학생들이 오답 체크를 할 때 문제풀이에만 집중하는 경우가 있는

데, 정답을 구하는 것에 당장 집중하기보다는 부족한 개념을 공부해야 합니다. 그렇지 않으면 조금만 변형된 문제가 나와도 또다시 틀리게 되어 있어요. 하나의 개념 위에 또 다른 개념이 쌓이고 포개지는데 하위 개념이 흔들리면 나중에 배운 상위 개념도 탄탄할 수 없습니다. 이렇게 되면 이때는 해설지의 풀이를 봐도 이해가 되지 않지요. 여러 개념이 섞인 문제를 보기만 해도 겁부터 납니다. 풀지 못할 걸 본인 스스로도 아니까요. 개념을 확실히 모르면 이러한 문제들은 절대 풀 수 없어요.

문제집을 풀 때는 그래도 나아요. 문제집은 소단원별로 문제가 구성되어 있고, 크게 묶여 있더라도 대단원으로 구성되어 있으니까요. 단원별 구성을 통해 지금 내가 어느 단원의 문제를 푸는 것인지 알고 있기 때문에 그 단원에 해당하는 개념과 공식들을 빠르게 파악할 수 있지요. 잘못 알고 있는 개념을 체크하기가 훨씬 더 쉽습니다. 하지만 단원 구분이 되어 있지 않은 시험 문제를 풀 때는 상황이 다릅니다. 따라서 오답 체크가 더욱 중요해요. 틀린 문제의 해당 단원을 생각한 뒤 그 단원의 부족한 개념을 찾아 다시 공부해야 합니다. 이 순간이 바로 가까운 곳에 두고 수시로 펼쳐 보는 개념서의 힘이 발휘되는 때입니다.

오답을 체크했을 때 개념이 부족해서 틀린 경우가 많은 학생은 개념서를 항상 가지고 다니는 게 좋아요. 이때 중요한 것은 개념 학습은 개념만 파악하는 것이 아니라 이에 해당하는 문제를 함께 풀어보는 것까지 해당된다는 거예요. 오답 체크에 있어서도 개념 따로 문제 따로 공부해서는 안돼요. 틀린 시험 문제를 다시 풀어보기 전에 부족한 개념에 해당하는 개념서의 기본 문제들을 먼저 풀어봐야 합니다. 내가 헷갈린 개념을 적용하는 문제들을 먼저 풀어보고 틀린 시험 문제를 다시 풀어보면 아마 잘 풀릴 것입니다. 여전히 틀린 문제가 잘 안 풀린다면 개념 학습을 좀 더 해야 합니다.

오답 체크는 개념 학습이다

수학은 개념으로 시작해서 개념으로 끝난다고 해도 과언이 아니에요. 개념을 공부할 수 있는 방법은 참으로 다양합니다. 처음에 한 단원을 시작할 때 개념을 가장 먼저 배우고, 그다음 해당 문제를 풀고, 문제를 풀면서 다시 개념을 다지고 계속 이렇게 반복되지요. 오답을 체크하면서도 개념을 다시 배우게 됩니다. 따라서 오답 체크를 할 때 시간이 많이 걸려도 괜찮아요. 오답을 체크하는 시간도 공부하는 시간이니까요. 그러나 틀린 문제를 정답이 나올 때까지 생각을 쥐어짜며 푸는 건 옳지 않아요. 해설지를 활용하는 것이 현명한 방법입니다. 풀이를 보고 생각하고 또 연구해야 합니다. 자신이 무엇을 모르는지, 무엇을 잘못 생각하고 있었는지를 말입니다.

오답 체크를 틀린 문제 풀이라고 생각하는 학생들이 의외로 많아요. 하지만 오답 체크는 정확히 말해서 개념 학습입니다. 오답을 체크할 땐 오답 노트가 아닌 개념서가 필요합니다. 개념서를 보면 해당 개념에 대한 문제가 최소 두 문제 이상 있어요. 개념을 다시 공부한 뒤 기본 문제를 푼 다음 그 밑에 있는 같은 개념의 다른 유형 문제를 반드시 풀어보세요. 그 문제가 풀리면 개념을 이해한 것이고 그 문제가 안 풀리면 한 번 더 개념 학습을 반복해야 합니다. 이것이 바로 우리가 해야 할 제대로 된 '오답 체크'입니다.

수학 문제를 풀 때 제일 불안한 순간이 스스로 개념이 부족하다는 것을 느꼈을 때입니다. 도대체 어디서부터 다시 공부해야 할지 잘 모르기 때문이지요. 그렇다고 지금까지 배운 과정을 모두 개념서로 다시 공부할 수는 없어요. 시험에서 답이 틀렸을 때 틀린 문제에 해당되는 부족한 개념만 다시 공부하면 됩니다. 이렇게 공부하면서 빈틈을 조금씩 메우다 보면 결국 어느 순간 오답이 확연히 줄어든 자신을 발견하게 될 거예요. 반면 오답 체크를 통해 부족한 개념을 채우지 않은 학생에게는 여전히 수학이 어려운 과목으로 계속 남을 수밖에 없어요.

오답은 자신의 약점이 모여 있는 '보물창고'와도 같습니다. 채점 후 비로소 진정한 수학 공부가 시작된다고들 하지요. 오답 체크를 안 하는 건 공부하는 학생에게 가장 바보 같은 짓일 거예요. 그만큼 오답을 확인하고 부족한 개념을 다시 한 번 복습하는 과정은 매우 중요합니다.

수학 실력을 쌓는 데는 시간이 필요해요. 학습 태도를 바르게 고치고, 좋은 공부 습관을 만들어야 하니까요. 수업을 듣고 문제를 푸는 것만이 수학 공부가 아닙니다. 틀린 문제를 기회로 삼아 자신의 부족한 부분을 채우고 수학적 개념을 다시 한 번 정리해보는 것이야 말로 가장 중요한 수학 공부입니다.

02 오답 노트를 만들지 말아야 하는 이유

시험에서 틀린 문제가 나올 때마다 열심히 오답 노트에 정리하는 학생들이 많습니다. 학교나 학원에서도 오답 노트를 따로 만들어서 정리하도록 시키는 선생님들이 제법 많고요. 하지만 잘못된 수학 공부법입니다. 오답 체크는 오답 정리가 아닌 실질적인 공부 그 자체가 되어야 해요. 만드는 과정에만 열심히 에너지를 쏟고 다시 쳐다보지도 않을 오답 노트를 만드는 건 시간 낭비일 뿐입니다.

혹시 오답 노트를 만드는 학생이 있다면 묻고 싶어요. 오답 노트를 만든 뒤에 그것을 제대로 살펴본 적이 있는지, 살펴보더라도 그걸 활용해서 효과적으로 공부하는지 말입니다. 틀린 문제는 잘 풀릴 때까지 반복해서 풀어봐야 하는데 오답 노트가 그 기능을 할 수 있을까요? 막상 오답 노트를 만들 때는 오답을 정리해서 나중에 공부할 거라는 의욕으로 가득하지만 그 의욕은 갈수록 약해져서 결국 오답 노트는 아무 역할도 하지 못합니다.

오답 노트를 만들지 않으면 불안해하는 학생들이 많아요. 그렇다면 일반적으로 오답 노트는 어떻게 만들까요? 틀린 문제를 일일이 옮겨 쓰거나 복사해서 오려 붙이고 그 아래 해설을 참조하여 정확한 풀이 과정을 정리해놓습니다. 열심히 필기해서 옮겨 적거나 복사한 문제를 노트에 붙이면 왠지 공부를 많이 한 것 같고 성심성의껏 오답 정리를 한 것 같아 마음이 뿌듯해지지요. 하지만 실력은 그대로입니다. 중요한 건 마음이 아니라 실력이에요. 다음 날 그 오답 문제를 다시 풀어보면 금방 알 수 있어요. 노트에 열심히 옮겨 적고 정리했으니 잘 풀릴까요? 그나마 틀린 문제를 다시 풀어보며 확인한다면 다행입니다.

많은 학생이 오답 노트를 만들어놓고 그냥 뿌듯해하기만 합니다. 노트 한 권을 오답으로 다 채워놓고 나중에 다시 풀겠다는 의도겠지요. 그러나 어느 한 시기가 지나면 계속 다른 과정을 배우는 학생들에게는 따로 시간을 내서 지난 오답을 공부하기란 쉽지 않습니다. 기억에서 이미 지워졌거나 큰 필요성을 못 느끼지요. 오답 노트를 열심히 만든 걸로 오답에 대한 처방이 끝났다고, 다음에는 틀리지 않을 거라고 생각하는 건 자기 꾀에 속는 것입니다. 실제로 본인 실력은 변한 것이 없어요. 이러한 습관으로 공부하는 학생은 발전할 수 없습니다. 구멍을 그때그때 메우지 않고 계속 새로운 것을 집어 넣으면 처음에는 작았던 구멍이 점점 더 커질 뿐입니다.

오답 노트 없이 오답 체크하기

오답 노트를 만들지 말라는 것이 오답 체크를 하지 말라는 뜻은 아닙니다. 오답 체크의 중요성에 대해서는 이미 앞서 자세히 설명했습니다. 그렇다면 형식적인 오답 노트를 만들지 않는 대신 어떤 방법으로 오답을 정리해야 할까요? 단순합니다. 그냥 다시 풀어보면 됩니다. 오답 노트를 만들면 문제를 다시 쓰게 되지요. 문제를 간단하게라도 다시 쓰게 됩니다. 똑같이 쓰는 것도 줄여 쓰는 것도 시간 낭비입니다. 요즘 세상에 문제를 복사해서 오려 붙이는 것도 말이 안 되고요.

수학은 문제를 다시 쓰면서 풀 필요가 전혀 없어요. 책에 문제가 다 적혀 있는 걸요. 시험 문제도 마찬가지입니다. 책이나 시험지의 문제를 보고 줄이 있는 노트에 다시 풀어보면 됩니다. 해설지 없이도, 모범 답안 없이도 혼자 풀 수 있을 때까지 여러 번 풀어보면 돼요. 풀이한 노트는 다 쓰면 버려도 됩니다. 철저하게 책이나 교재 중심으로 가세요. 중요한 개념 정리, 맞고 틀린 표시 다 책에 하면 돼요. 대신 문제집은 여러 번 풀어야 하고, 개념 학습을 위해 다시 펼쳐 봐야 하므로 버리면 안 됩니다. 중학교 때부터 수능 시험을 볼 때까지 내 손을 거쳐 간 수학 문제집들을 모두 버리지 말고 가지고 있어야 해요. 실력이 쌓인 결과물들이니까요. 단, 문제집은 여러 번 풀어서 낡아 있어야 합니다. 문제집 상태만 보더라도 공부를 했는지 안 했는지 알 수 있어요. 책 속에 뭔가 필기와 표시가 많이 되어 있다면 제대로 공부한 것입니다.

오답 노트뿐만 아니라 수학 필기 노트, 개념 정리 노트 등도 마찬가지입니다. 만드는 동안에만 심리적인 안정감을 줄뿐 효과적인 방법이 아니에요. 노트 정리에 시간을 보내는 대신 제대로 된 오답 체크를 하며 개념 학습에 매진해야 합니다. 본인이 정리한 노트만 봐서는 아무런 실력이 쌓이지 않아요.

공부에 있어서도 효율을 따져야 합니다. 시간은 한정되어 있고 해야 할 공부의 양은 많기 때문입니다. 본인 스스로도 효과가 없다는 것을 알면서도 불안한 마음에 의미 없는 공부법을 계속 고집해서는 안 됩니다. 오답 노트를 만드는 시간이 문제 푸는 시간보다 두 배, 세 배는 더 걸립니다. 그 시간에 차라리 문제 몇 개를 더 풀어보는 게 좋아요. 아니면 차분하게 개념과 공식을 정리하며 암기하는 편이 훨씬 낫습니다. 부모나 선생님들 또한 아이들의 소중한 시간을 어떻게 하면 보다 효과적으로 쓸 수 있을지 지속적으로 생각해야 합니다.

수학은 오답을 발견한 뒤 후속 조치가 매우 중요한 과목입니다. 오답 노트는 전혀 중요하지 않아요. 오답 노트를 쓰는 학생 있으면 지금부터라도 과감히 버립시다. 오답 노트를 쓰게 하고 있다면 과감히 중지하세요. 다른 방법으로 오답 체크를 하는 편이 훨씬 효과적입니다. 오답 노트를 버리는 순간 수학 공부하는 시간이 훨씬 늘어날 거예요. 오답 노트를 만드는 중에도 효과가 크지 않다는 것을 학생들 스스로도 이미 알고 있을 것입니다.

모든 수학 공부는 두 번씩 하게 되어 있어요. 처음 개념을 익힐 때와 문제를 풀면서 다시 그 개념을 반복할 때 이렇게 두 번이지요. 좀 더 구체적으로 말하자면 개념을 배우고 공식을 증명한 후에 외우는 것이 첫 번째 공부이고, 문제를 풀고 나서 오답이 나온 경우에 다시 공부를 하는 것이 두 번째 공부입니다. 개념과 공식은 언제나 문제와 연결되어 있어요. 문제를 풀면서 배운 개념과 공식을 다시 연결해야 하지요. 두 번째 공부를 할 때, 즉 오답이 나왔을 때 그것을 기회 삼아 공부를 열심히 해두면 실력이 눈에 띄게 탄탄해질 것입니다. 기회를 놓치지 마세요!

03 제대로 된 오답 체크가 오답을 줄인다

무엇보다 실전에서는 오답을 줄이는 것이 관건입니다. 오답을 최소화하는 데 전력을 다해야 하지요. 오답의 원인은 보통 다음 네 가지로 추릴 수 있습니다.

오답의 첫 번째 원인은 '단순한 계산 실수' 때문입니다. 이를 해결하는 방안은 정신 차리고 집중하는 수밖에 없어요. 내용은 잘 아는데 순간적인 실수로 어이없이 틀린 경우지요. 이런 문제는 오답 체크를 할 필요도 없어요. 그냥 빠르게 넘어가면 됩니다. 자기 머리 한 대 콕 쥐어박고 '집중해서 풀자!' 하면 그만이지요. 다만 이러한 단순한 계산 실수를 반복한다면 실전과 같은 테스트로 연습을 많이 하면 됩니다. 내신 시험은 50분, 수능 시험은 100분 동안 집중해야 해요. 집중력이 좋아야 실수를 하지 않습니다. 시간을 재면서 실전과 같은 테스트를 꾸준히 반복하여 긴 시간 동안 집중할 수 있는 능력을 키워야 합니다.

오답의 두 번째 원인은 '개념 부족' 때문입니다. 이것이 가장 흔하면서도 중요하게 살펴봐야 할 원인이지요. 오답 체크를 할 때 해설지의 풀이를 꼭 봐야 하는 이유도 여기에 있어요. 풀이를 보고 자신이 개념이 부족한 걸 알게 되었다면 바로 개념서의 해당 부분을 펼쳐 봐야 합니다. 해설지의 풀이만으로는 명확하게 개념을 정리하기 어려워요. 개념서로 돌아가 그 문제에 해당하는 개념을 다시 꼼꼼히 살펴봐야 합니다. 여기서 중요한 것은 해당 개념에 대한 문제를 반드시 풀어봐야 한다는 거예요. 이때 개념서를 처음 보는 것이 아니기 때문에 시간은 생각보다 오래 걸리지 않습니다. 개념 부족이 원인이라면 반드시 개념서로 다시 개념을 다져야 합니다. 이 과정을 생략한다면 오답의 수는 점점 늘 수밖에 없어요.

오답의 세 번째 원인은 '유형 문제에 대한 풀이가 부족'하기 때문입니다. 수학은 조건에 맞는 풀이 방법이 정해져 있어요. 이 풀이 방법이 바로 생각나지 않거나 다른 풀이 방법으로 문제를 풀면 답은 틀릴 수밖에 없지요. 문제에 적합한 풀이 방법을 매순간 떠올리기 위해서는 해설지를 보고 문제의 조건에 맞는 풀이 방법을 익히고 외우는 연습이 필요합니다. 그래야 시간 내에 빨리 문제를 풀 수 있어요. 문제풀이로 들어가면 기계적인 풀이 연습도 필요합니다. 각 문제마다 생각을 많이 하면서 풀 시간적인 여유가 없어요. 유형별 문제풀이를 많이 했다면 자동으로 풀이 방법이 떠오를 거예요. 꼭 들어맞는 풀이 방법이 떠오르지 않아서 틀렸다면 문제의 조건과 풀이 방법을 외우면 그만입니다. 이 경우에도 유형 문제에 대한 오답 노트는 절대 따로 만들지 마세요.

오답의 네 번째 원인은 '개념과 개념을 연결해서 푸는 능력이 부족'하기 때문입니다. 특히 내신 시험의 고난도 문제나 수능 시험에서 배점이 4점인 문제에서 이런 경우가 많이 나옵니다. 예를 들어, 산술 기하평균 단원에서 나오는 문제는 아주 잘 풀지만 평행이동, 유리함수, 산술 기하평균 이렇게 세 개의 개념이 복합적으로 들어 있는 문제가 나오면 풀지 못하는 학생들이 많아요. 각 개념을 잘 이해하여 해당 단원의 문제는 잘 푸는데 여러 개념이 한데 뒤섞여 있는 문제는 어디서부터 풀이를 시작해야 할지 감을 잡지 못하는 것이지요. 그런데 이런 문제는 자꾸 풀어서 익숙해지는 수밖에 없어요. 문제 유형이 너무 다양해서 어떻게 풀어야 한다고 딱히 정해진 방법이 없기 때문입니다.

고득점을 받으려면 이러한 유형의 문제를 잘 풀어야 합니다. 이런 문제는 문제 자체가 길고 푸는 시간도 오래 걸리며, 오답 역시 제일 많이 나옵니다. 이런 문제를 읽을 때는 끊어서 읽어야 해요. 읽으면서 문제도 함께 외워야 하지요. 적어도 구해야 하는 것이 무엇인지는 확실히 외워둬야 합니다. 무작정 풀기 시작하면 중간에 내가 무엇을 구하고 있는지도 잘 모를 수 있어요. 이런 문제 또한 오답 노트에 열심히 정리해봤자 다시 봤을 때 풀지 못합니다. 개념이 포함된 문장을 끊어서 읽은 다음 그 개념들을 정리해서 문제를 푸는 연습을 반복해보세요.

오답 체크로 틀린 이유를 확실히 알자

이와 같이 오답의 원인에 따라 오답 체크를 하는 방법이 다릅니다. 무조건 그 문제를 다시 풀어서 답을 제대로 구하는 것이 오답 체크가 아니에요. 오답을 체크할 때 반드시 해야 할 일은 답이 틀린 이유를 알아내는 것입니다. 오답이 나오면 앞서 소개한 네 가지 중 어떤 경우에 해당하는지 생각해보고 올바른 처방을 내려야 합니다. 공통적인 것은 틀린 문제를 책에 꼭 표시해야 한다는 것입니다. 그리고 반드시 혼자의 힘으로 다시 풀 수 있어야 해요. 다만 틀린 직후가 아닌 하루 이상 지난 다음에 풀어봐야 합니다. 틀린 직후에는 해설지를 보고 또 개념서를 살펴보며 개념을 다시 익히고 유형 문제를 풀며 충분히 공부해야 합니다. 틀린 문제를 다시 푸는 것보다 개념 학습이 먼저입니다.

순간적인 안도감을 준다고 해서 그 공부법이 나에게 맞는다고 생각하지 마세요. 보다 쉬운 방법으로 큰 효과를 얻을 수 있는 공부법은 얼마든지 있습니다. 친구들 가운데 공부를 많이 안 하는 것 같은데 시험만 보면 항상 잘 보는 친구가 있을 거예요. 그 친구는 다른 친구가 오답 노트를 만드는 시간에 오답의 원인을 분석하여 공부해야 할 핵심만 찾아서 공부했을 확률이 높아요. 우리의 에너지는 한정되어 있고 시간 또한 한정되어 있습니다. 공부에 있어서도 효율을 따져야 해요.

오답을 체크할 때 필요한 것은 오답 노트가 아니라 개념서와 그동안 풀던 문제집, 그리고 해설지입니다. 오답 노트가 없으면 오히려 폭넓게 공부하게 할 수 있어요. 하지만 오답 노트를 만들게 되면 그 문제의 풀이에 대해서만 공부하게 되고 틀린 진짜 이유를 알아낼 수 없습니다. 내가 잘 몰랐던 개념의 뿌리까지, 즉 기초가 되는 개념을 찾아 다시 잘 정리해두어야 합니다.

개념서의 개념을 다시 익히고 노력해도 여전히 오답이 많이 나오는 경우가 있어요. 그런 경우 대부분 현재 자신의 수준과 맞지 않는 문제집을 풀 경우입니다. 개념 학습을 하는 문제집에서 오답이 많이 나온다면 학생 수준에 맞는 유형별 문제집으로의 전환이 필요합니다. 그런 다음 유형별 문제풀이를 확실하게 해두면 되지요. 좀 더 욕심이 나면 쉬운 수준의 문제집을 풀고 나서 약간 난이도를 높여 다른 문제집을 한 권 더 풀어도 됩니다. 개념을 익히고 유형별 문제풀이를 연습하는 단계에서는 본인 수준에 맞는 문제집을 선택해서 차근차근 공부해도 괜찮습니다.

하지만 내신 시험과 수능 시험을 대비하는 공부는 달라요. 일단 풀 수 있는 문제는 다 풀고 본인 힘으로 도저히 안 되는 단계의 문제는 과감히 버리는 것이 좋습니다. 그리고 목표를 확실히 정해야 합니다. 내신 등급과 수능 등급 목표를 말이지요. 이 단계에서는 본인 실력에 맞는 책을 따로 정할 필요가 없어요. 공부해야 할 책들이 이미 정해져 있기 때문입니다. 그 안에서 조정을 해야 하지요. 오답이 많이 나오는 배점 높은 문제를 억지로 풀어봤자 풀 수 있는 다른 문제들까지 놓칠 수 있어요. 스스로 자신의 목표에 맞게 문제를 잘 추려서 풀어야 합니다. 다만 내신 1, 2등급을 목표로 하거나 수능 1등급을 목표로 하는 학생은 모든 문제를 다 풀 줄 알아야 합니다.

이제 오답 체크의 의미와 방법을 잘 알았을 거예요. 무엇보다 오답이 나온 배경과 원인을 잘 살피는 것이 중요합니다. 앞서 말했듯이 오답의 원인에 따라 오답 체크하는 방법이 완전히 다르기 때문입니다. 계산 착오와 같은 단순 실수인 경우에는 집중력 강화를 위해 실전 문제풀이를 많이 하면 되고, 개념이 부족한 경우에는 개념서를 다시 보고 관련된 문제를 풀면 됩니다. 문제의 조건에 맞는 풀이 방법이 잘 떠오르지 않는 학생은 해설지를 보며 문제의 조건과 풀이 방법을 이해한 뒤 외우는 공부를 해야 합니다. 마지막으로 여러 개념이 섞인 문제를 어려워하는 학생은 문제를 끊어서 이해한 다음 익숙해질 정도로 많이 풀어보는 연습을 하면 많은 도움이 될 거예요.

오답을 체크할 때 이것만은 꼭 기억하세요. 첫째, 절대로 문제집에 직접 풀이를 하면 안 됩니다. 둘째, 채점은 문제집에 해야 합니다. 맞으면 동그라미 틀리면 빗금을 긋고 빗금 옆에 틀린 날짜를 적어놓습니다. 셋째, 틀린 문제는 하루 이상 지나고 나서 다시 풀어봐야 합니다. 채점해서 맞으면 동그라미 틀리면 빗금을 긋고 또 틀린 날짜를 적습니다. 다 맞을 때까지 이 과정을 반복합니다.

오답은 수학 실력을 보다 탄탄하게 만드는 계기가 되기 때문에 그런 의미에서 보자면 반드시 나쁘지만은 않아요. 그래도 시험에서 오답은 많이 나오지 않을수록 좋겠지요. 지금부터라도 제대로 된 오답 체크로 오답을 최대한 줄여나가봅시다.

04 반복과 집념이 오답률 제로를 만든다

가장 좋은 오답 노트는 참고서 그 자체입니다. 이제부터라도 오답 노트의 개념을 바꿔야 해요. 오답 노트란 다시 풀어봐야 할 문제들을 모아놓는 것인데 그것을 책에 직접 표시하는 것뿐입니다.

한 권의 문제집을 더 이상 틀린 문제가 없을 때까지 풀어보세요. 틀린 문제만 다시 풀면 됩니다. 틀린 문제를 다시 풀 때는 반드시 하루 이상 지나고 나서 풀어야 한다고 했지요? 그 이유는 해설지를 참조해서 무작정 머릿속에 넣은 풀이의 잔재가 아직 남아 있기 때문이에요. 하루만 지나면 모두 걸러집니다. 확실히 이해가 안 된 것은 다 휘발되지요. 외우려고 해도 이해되지 않은 것은 잘 외워지지 않아요. 이렇게 반복할수록 틀린 문제가 적어져서 오답을 다시 푸는 시간도 점점 줄어들 거예요.

수학에서 암기는 반복적인 문제풀이로 강화됩니다. 문제를 자꾸 자꾸 풀면 그게 다 어디로 갈까요? 머릿속에 남습니다. 틀린 문제를 거듭해서 풀면 그 단원의 문제를 여러 번 보게 되지요. 진도는 계속 나가면서 지난 단원의 틀린 문제를 다시 점검하다 보니 한 권의 문제집을 반복적으로 공부하는 효과가 있어요.

한 권의 문제집을 오답 체크까지 하면서 풀면 시간이 얼마나 걸릴까요? 학생들마다 수학적 능력의 편차가 있어서 단정하기는 쉽지 않아요. 하지만 생각처럼 그리 오래 걸리지 않습니다. 오답 체크는 그 양이 부담스럽지 않을 정도로 소단원씩 나눠서 하면 됩니다. 문제집이 총 9장으로 구성되어 있다면 2장 진도를 나갈 때 1장의 오답을 체크하면 되고, 3장 진도를 나갈 때 1장과 2장의 오답을 체크하면 됩니다. 6장 진도를 나갈 때쯤엔 1장의 오답 체크는 다 되어 있을 거예요. 틀린 문제를 다섯 번 정도 풀면 보통 정답이 나오니까요. 사람인지라 다른 단원을 배우다 보면 앞에서 익힌 내용을 자꾸 잊어버리게 됩니다. 그러나 이렇게 하면 한 번에 다섯 개의 단원을 동시에 공부하는 셈입니다. 지난 단원의 오답을 체크하며 진도를 나가기 때문에 전체의 흐름이 이어져 덜 까먹고, 덜 까먹으니 현재 진도를 나가는 부분도 이해가 더욱 잘 되는 효과를 얻을 수 있지요.

오답 체크할 때 주의할 점

단, 두 권의 문제집을 동시에 병행하지는 마세요. 두 권의 문제집을 병행한다는 것은 비슷한 난이도의 문제집을 푸는 것인데, 두 문제집을 살펴보면 거의 똑같은 문제들이 많아요. 시간만 오래 걸리고 효과를 기대하기 어렵습니다. 한 권의 문제집을 집중해서 오답 체크까지 다 끝낸 후에 비슷한 난이도의 문제집을 한 번 더 풀어보는 것은 괜찮습니다. 잘 풀리면 그동안 오답 체크를 잘한 것이고, 잘 안 풀리면 풀었던 지난 문제집을 다시 살펴봐야 합니다.

난이도가 다른 두 문제집을 병행하는 것은 더욱더 안 됩니다. 수학 실력은 계단식으로 일정 단계를 거쳐 조금씩 향상됩니다. 어려운 문제를 받아들일 실력이 아직 안 되었는데 무리해서 풀어봤자 힘만 들 뿐입니다. 난이도가 낮은 문제집을 오답 체크까지 철저히 하고 나서 그보다 높은 난이도의 문제집을 풀어야 합니다. 스스로의 힘으로 푸는 문제들이 많아야 해요. 그래야 실력에 맞는 문제집이고 효과가 있습니다.

참고서 자체가 가장 좋은 오답 노트라는 걸 잊지 마세요. 과거에 내가 어떻게 풀었는지는 전혀 중요하지 않습니다. 이제부터라도 공부법을 바꿔야 합니다. 수학은 여러 번 반복하면서 계속 알아가야 해요. 한 번 풀어본 문제집을 오답이 더 이상 나오지 않을 때까지 보고 또 봐야 합니다. 새로운 문제를 많이 풀려고 하지 마세요. 문제집 한 권을 파고들어서 끝까지 풀어보세요. 아는 문제 말고 틀린 문제를 자꾸 풀어야 실력이 향상됩니다. 아는 문제만 자꾸 풀다가는 자만에 빠질 수 있어요. 중요한 건 오답이 나온 문제입니다. 여기에 바로 길이 있어요!

05 시험지의 오답은 정답만큼 중요하다

시험지의 오답 체크 역시 시험지에 직접 해야 합니다. 이때 시험지는 문제집과 달라서 해설지가 붙어 있지 않아요. 하지만 반드시 문제의 풀이가 나와 있는 해설지를 꼭 챙겨놓아야 합니다. 학원에서 시험을 봤는데 해설지나 풀이를 따로 챙겨주지 않았다면 선생님께 꼭 요구하세요. 시험을 본 후에 틀린 문제를 다시 공부하는 것만큼 중요한 것은 없는데 해설지가 없으면 공부할 수 없습니다. 모르는 문제를 일일이 선생님께 물어볼 수는 없어요. 그래서 해설지가 없는 경우 오답 체크를 제대로 못하고 그냥 넘어가게 됩니다.

시험 문제에 대한 해설이나 풀이가 꼭 있어야 합니다. 정답에 대한 풀이가 있어야 바르게 공부할 수 있어요. 맞는 문제도 해설을 다시 꼭 읽어봐야 합니다. 답은 맞았지만 풀이를 정확하게 푼 경우가 아닐 수도 있기 때문입니다.

시험을 본 후에는 시험지를 파일에 모아두는 습관을 기르세요. 시험지 뒤에는 항상 풀이가 같이 있어야 합니다. 시험지들은 이 시험 문제들을 참고해야 할 어떤 시험이나 일정 시기가 지날 때까지 가지고 있어야 합니다. 시험지를 파일에 정리해두는 이유는 시험지의 오답들을 체계적으로 다시 공부하기 위해서예요.

시험지를 다시 한 번 살펴봤을 때의 효과는 매우 큽니다. 시험을 보는 당시에는 대부분 순간적인 힘으로 집중해서 문제를 풀기 때문에 미처 생각하지 못했던 방법이 풀이를 본 순간 바로 '아 그렇구나' 하고 머릿속에 쏙 들어오는 경우가 있어요. 그래서 시험을 보고 나서는 곧바로 해설이나 풀이를 살펴봐야 합니다. 부모나 선생님이 그릇된 방법으로 "정답이 나올 때까지 다시 풀어봐"라고 말하는 건 아이를 정말 괴롭히는 거예요. 아이 입장에서는 이미 생각할 대로 생각해서 풀었는데 계속 풀어보라고 하는 건 에너지 낭비이자 시간 낭비입니다. 해설지는 채점을 하기 위한 것이기 전에 풀이 방법을 공부하는 교재이자 시험의 일부입니다.

스스로 푼 시험지는 큰 자산입니다. 시험지의 오답만 제대로 체크해도 실력이 엄청 늘지요. 새로운 개념을 익히고 진도를 나가는 것만 실력이 쌓이는 것이 아닙니다. 구멍 난 부분을 메우고 다시 복습하는 것으로 수학 실력은 눈에 띄게 달라집니다.

자신의 책상을 한번 잘 살펴보세요. 수학 시험지가 낱장으로 돌아다니고 있지는 않은지 말입니다. 수학 성적을 올리고 싶다면 당장 시험지들을 파일에 모아두세요. 책상만 봐도 수학을 잘하는 학생인지 아닌지 알 수 있어요. 책상 위에 자주 펼쳐 보는 개념서가 한 권 놓여 있고, 개념서에 뭔가 필기가 많이 되어 있으며, 문제마다 채점이 잘 되어 있다면 분명 수학을 잘하는 학생일 거예요. 그 옆에 시험지를 잘 모아둔 파일과 줄이 있는 문제풀이 노트까지 놓여 있다면 정말 완벽하겠지요.

시험지는 최고의 오답 노트

시험지의 오답은 참고서의 오답과는 좀 다르게 처방해야 합니다. 시험지에는 답이 맞았든 맞지 않았든 이미 풀어놓은 풀이의 흔적이 있어요. 참고서처럼 채점해서 맞은 건 동그라미 틀린 건 빗금을 해 놓고 맞을 때까지 푸는 방식을 적용할 수 없습니다. 따라서 시험지의 오답은 색 볼펜으로 정리하는 것이 좋습니다. 해설지를 보고 시험지의 틀린 문제 옆에 풀이 과정과 정답을 함께 적어놓는 것이지요. 시험을 볼 때는 풀이를 연필로 했을 것이므로 오답 체크는 이와 구분해서 색 볼펜을 사용해야 합니다.

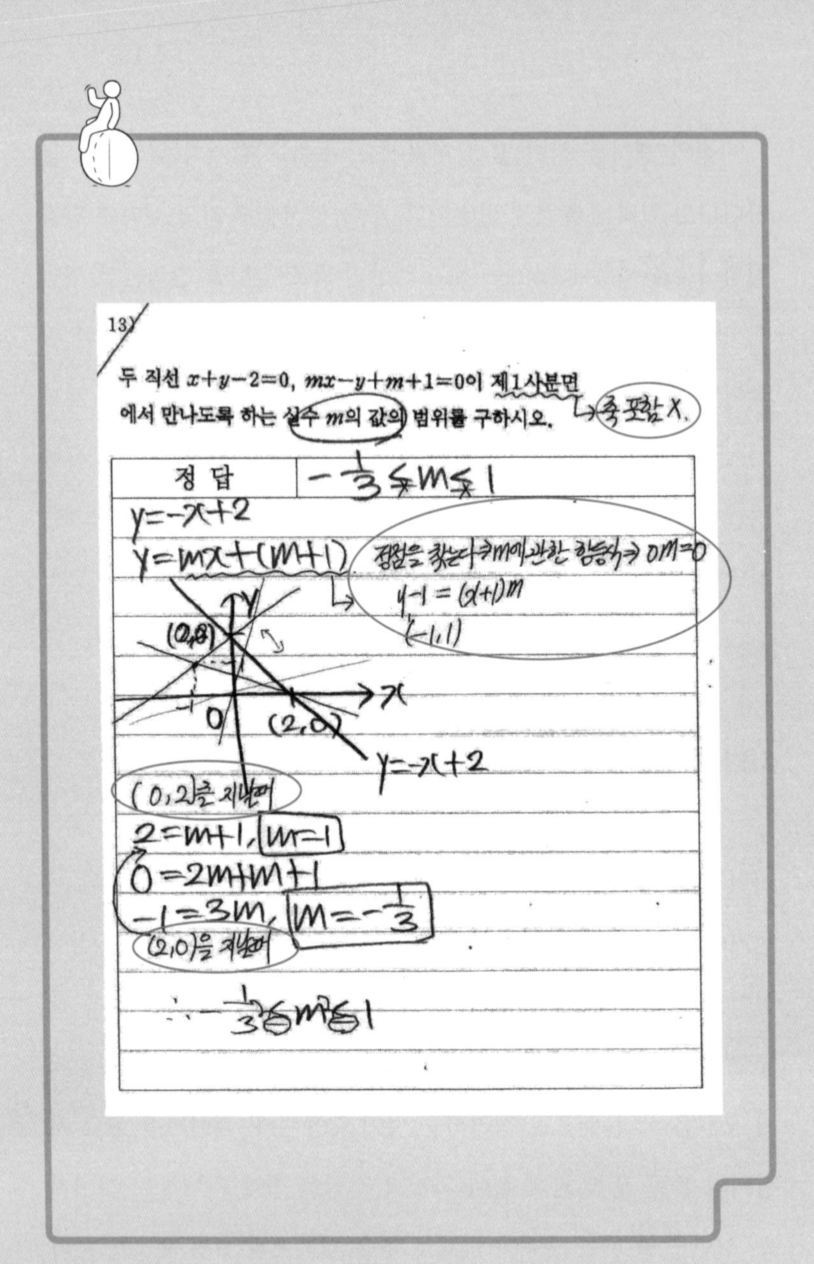

13)

두 직선 $x+y-2=0$, $mx-y+m+1=0$이 제1사분면에서 만나도록 하는 실수 m의 값의 범위를 구하시오. → 축 포함 X.

정 답	$-\frac{1}{3} < m < 1$

$y=-x+2$

$y=mx+(m+1)$ 정점을 찾는다 → m에 관한 항등식 → $0m=0$

$y-1=(x+1)m$

$(-1,1)$

$(0,2)$ $(2,0)$ $y=-x+2$

$(0,2)$를 지날 때

$2=m+1$, $m=1$

$0=2m+m+1$

$-1=3m$, $m=-\frac{1}{3}$

$(2,0)$을 지날 때

$-\frac{1}{3} < m < 1$

[6–1]

시험지의 오답 체크는 시험 볼 때 연필로 풀이한 것과 구분되도록 색 볼펜을 사용하는 것이 좋다.

정답과 풀이를 색 볼펜으로 정리한 후에는 줄이 있는 노트에 다시 한 번 문제를 풀어봅니다. 그러고 나서 시험지를 파일에 차곡차곡 모아놓으면 됩니다. 만약 이 시험이 선행 과정 중에 치른 시험이면 진도를 나가는 중간에 다시 한 번 시험지의 오답을 풀어보세요. 내신 대비 시험지면 내신 시험을 보기 전에 한 번 더 풀어보고, 시험 보기 바로 전날 모아서 또다시 풀어보며 최종 점검을 해야 합니다. 만약 수능 대비 시험지라면 역시 시험 보기 전에 한 번 풀어보고, 어려운 문제는 별도로 표시를 해놓습니다. 수능 시험을 보기 전까지 시험지의 오답들을 정리하여 혼자 힘으로 다 풀 수 있어야 확실한 마무리가 되었다고 할 수 있어요.

시험지는 틀린 문제만 다시 풀어보면 됩니다. 시험만 보고 틀린 문제를 다시 공부하지 않으면 시험을 보는 의미가 없어요. 안 그래도 틀려서 속상한데 시험지를 꺼내서 틀린 문제를 다시 꼼꼼히 살펴보는 일이 생각보다 쉽지 않을 수도 있지만 중요한 시험을 위해 준비하고 연습하는 과정에 있다는 사실을 잊으면 안 돼요. 평가의 목적도 있겠지만 대부분은 현재의 나를 점검하는 시험일 뿐입니다. 그러나 틀리고 나서 공부를 제대로 해놓지 않으면 분명 또 다른 시험에서, 더욱 중요한 시험에서 이 문제가 우리의 발목을 잡을 거예요. 한 번만 마음먹고 바로잡아 놓으면 앞으로가 편해집니다. 실천이 변화를 이끈다는 것을 명심하세요!

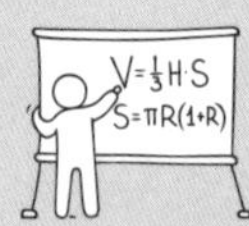

수학은 오답 체크다 | 핵심 요약 노트

- **오답은 내가 다시 공부해야 할 곳과 부족한 부분을 알려주는 것이기 때문에 오답 체크를 하지 않고 문제만 푸는 것은 실력 향상에 아무런 효과가 없다.** 오답 체크를 틀린 문제 풀이라고 생각하는 경우가 많은데 오답 체크는 정확히 말해서 개념 학습이다. 따라서 틀린 문제를 다시 풀어보기에 앞서 부족한 개념을 반드시 공부해야 한다. 개념 정리를 확실히 해놓지 않으면 한 번 틀린 문제를 계속해서 틀리게 된다. 오답은 나의 약점이 모여 있는 보물창고임을 잊지 말자.

- **오답 노트는 만들고 나서 절대 다시 보지 않을 뿐더러 만드는 데도 시간이 오래 걸리기 때문에 매우 비효율적이다.** 오답 체크는 오답 정리가 아닌 실질적인 공부 그 자체가 되어야 한다. 수학은 책에 있는 문제를 다시 쓰면서 풀 필요가 전혀 없다. 시험 문제도 마찬가지다. 책이나 시험지의 문제를 보고 줄이 있는 노트에 혼자의 힘으로 풀 수 있을 때까지 다시 풀어보면 되는 것이다. 오답 체크는 철저하게 책이나 교재 중심으로 가야 한다.

- **오답은 그 원인에 따라 오답을 체크하는 방법이 다르기 때문에 풀이 과정을 살펴보며 오답이 나온 이유를 잘 파악해야 한다.** 계산 착오와 같은 단순 실수인 경우에는 집중력 강화를 위해 실전 문제 풀이를 많이 하면 되고, 개념이 부족한 경우에는 개념서로 다시 공부하고 관련된 문제들을 풀어보면 된다. 유형 문제에 대한 풀이가 부족한 경우는 해설지를 참조하여 문제의 조건에 맞는 풀이 방법을 이해한 뒤 외우는 공부를 해야 한다. 마지막으로 여러 개념이 섞인 문제를 어려워하는 학생은 문제를 끊어서 이해한 다음 익숙해질 정

도로 많이 풀어보는 연습이 필요하다.

- **참고서 자체가 가장 좋은 오답 노트다.** 오답 노트란 다시 풀어봐야 할 문제들을 모아놓는 것인데 그것을 문제집이나 교재에 직접 표시하는 것뿐이다. 틀린 문제를 다시 풀 때는 반드시 문제집이 아닌 줄이 있는 노트에 풀어야 하고, 부족한 개념 공부를 먼저 한 뒤 하루 이상 지나고 나서 풀어야 한다. 그 이유는 해설지를 참조해서 무작정 머릿속에 넣은 풀이의 잔재가 남아 있기 때문이다. 한 권의 문제집을 가지고 이런 방식으로 틀린 문제가 더 이상 나오지 않을 때까지 여러 번 반복해서 풀다 보면 개념의 이해는 물론 암기도 강화된다.

- **시험지는 문제집과 달리 해설지가 붙어 있지 않기 때문에 반드시 해설과 풀이를 함께 챙겨두어야 한다.** 또 시험을 보면 그때그때 시험지를 파일에 차곡차곡 모아두어야 하는데 그렇지 않으면 체계적인 오답 체크가 어려워진다. 시험지의 오답은 참고서의 오답과는 좀 다르게 처방해야 한다. 시험지에는 이미 연필로 풀어놓은 풀이가 있기 때문에 그 옆에 색 볼펜으로 구분해서 해설지를 보고 풀이 과정과 정답을 적어놓는다. 이렇게 정리한 후에는 줄이 있는 노트에 혼자의 힘으로 한 번 더 풀어보는 과정이 필요하다.

에필로그

노력한 만큼 성적이 오르는 과목이 수학입니다

고교 시절 수학 성적이 좋았던 비결:
암기와 반복 학습

학창 시절을 되돌아보니 비교적 수학을 어렵게 공부하지는 않았던 것 같습니다. 수학적 능력을 타고 나서가 아니라 선생님들의 가르침을 잘 따랐기 때문이지요. 학생은 선생님을 잘 만나야 합니다. 어떤 선생님을 만나느냐에 따라 수학 실력이 좋아지고 또 반대로 수포자가 될 수도 있어요. 오답 문제의 풀이를 봐도 잘 모를 때는 그냥 통째로 외웠습니다. 당시 학원을 다닌 것도 아니었고 과외를 받고 있지도 않아서 모르는 것을 누군가에게 물어볼 수 없었지요. 그래서 그냥 해설지의 풀이를 다 외웠습니다.

고등학교 시절에는 《수학의 정석》으로 공부했습니다. 기본 정석도 풀고, 실력 정석도 풀었지요. 본문에 있는 문제들은 그럭저럭 풀겠는데 연습 문제는 도통 풀이를 봐도 잘 모르겠더라고요. 이때도 그냥 넘어갈 수는 없어서 풀이 방법을 무조건 외웠습니다. 그리고 외운 것을 여러 번 노트에 써보았지요.

외우는 것이 맞는 방법인지 그 당시에는 잘 몰랐습니다. '이해가 안 되니 외우기라도 하자'라는 마음이 컸으니까요. 그런데 그렇게 암기하고 쓰기를 반복하던 어느 날, 이해되지 않던 그 풀이가 이해되기 시작했습니다. 앞으로 쭉쭉 진도를 나가면서 새로운 개념들을 더 많이 배우니 이상하리만큼 예전에 배웠던 개념들이 쉬워지기 시작했지요. 잘 이해되지 않는 풀이라 해도 이미 머릿속에 있으니 새로운 개념을 배워나가면서 무엇을 모르는지 알아챌 수 있었던 것입니다. 당시 이해가 되지 않아 틀렸던 문제들을 책에 표시해두었는데 시간이 지나 다시 풀어보니 신기할 정도로 잘 풀렸습니다.

한 권의 교재를 여러 번 봤습니다. 오답이 더 이상 나오지 않을 때까지 문제집 한 권을 풀고 또 풀었지요. 수학은 문제집을 여러 권 푼다고 실력이 늘지 않습니다. 수학 문제들은 정해진 개념을 활용하여 문제를 풀기 때문에 문제 유형의 다양성이 그다지 크지 않습니다. 비슷한 난이도의 문제집들을 살펴보면 역시나 비슷한 문제들이 많아요. 무작정 문제를 많이 풀지 말고 단 한 권의 문제집을 풀더라도 틀린 문제가 없도록 완벽하게 한 권을 끝내야 합니다. 틀린 문제를 내 것으로 만들어놓지 않으면 그 문제와 비슷한 유형이 나올 때마다 계속 틀릴 수밖에 없어요.

또한 공부 계획표를 만들어 그것을 철저히 지켜나갔습니다. 계획표가 있기 때문에 더도 말고 덜도 말고 정해진 양만 공부하면 되었지요. 계획표를 너무 빡빡하게 만들면 실행하다가 도중에 포기하게 되므로 약간 느슨하게 만드는 것이 좋아요. 잠도 7시간씩 충분히 잤고, 대신 깨어 있을 때는 집중적으로 공부했습니다.

이렇게 수학을 공부했습니다. 특별히 수학적 재능이 뛰어난 편은 아니었어요. 암기를 통해 실력을 늘려갔지요. 《수학의 정석》에 있는 연습 문제의 반 정도는 외웠던 것 같아요. 그리고 교재 한 권을 곁에 두고 계속 보기, 모르는 문제는 해설지를 보며 그냥 외우기, 무슨 일이 있더라도 잠은 푹 자기, 마지막으로 목표 정하기. 이렇게 나름대로 네 가지 원칙을 세웠고 이러한 노력을 통해 서울대학교 수학교육과에 입학할 수 있었습니다.

과외 학생의 실력을 끌어올린 비결: 문제풀이를 통한 개념 정립

대학생이 되어 수학 과외를 할 때부터 철저하게 개념 학습 위주로 수업을 진행했습니다. 대학에서 수학을 전공하면 그땐 단순히 수학 문제를 푸는 것이 아니라 모든 것이 증명에 의해 이루어집니다. 저도 자연스레 증명하는 것이 몸에 배게 되었지요. 학생이 개념을 명확하게 알도록 반복적으로 설명했고 공식의 증명도 빼놓지 않고 다 해주었습니다. 한 명의 학생을 가르치는 것이다 보니 공식을 증명하고 개념을 많이 설명해줘도 강의 수업보다는 시간이 많이 걸리지 않았습니다. 설명해준 내용을 수시로 확인했고 공식의 증명 역시 학생이 직접 해보는 과정을 곁에서 지켜보며 학생이 잘 이해했는지 파악했습니다.

문제풀이를 할 때 문제를 대신 풀어주는 건 하지 않았습니다. 증명할 때 말고는 제가 연필을 든 경우가 거의 없었지요. 개념과 공식을 정확하게 정리하도록 하고, 문제를 풀 때는 말로만 설명해주었어요. "이 공식을 어떻게 대입해서 풀어야 할까?" "이 문제는 어떤 공식을 써야 할까?" 질문을 통해 학생 스스로 답을 찾을 수 있게 생각을 이끌었지요. 여러 개념과 공식을 복합적으로 활용해야 하는 문제는 개념과 공식들을 다시 한 번 정리해주었습니다. 많은 문제를 풀기보다는 핵심 문제를 정확하게 풀 수 있게 지도했지요. 수학에 대한 감이 부족한 학생일수록 기본 문제만큼은 확실히 풀 수 있게 만들었습니다. 개념과 공식에 대한 핵심적인 문제만 제대로 풀 수 있으면 다른 문제들도 어느 정도 쉽게 풀 수 있으니까요. 그러나 여러 개념이 섞인 문제나 개념이 익숙하지 않은 유형으로 표현되는 문제들은 반복적으로 설명해주어야 합니다.

선생님이 설명한 뒤 문제까지 다 풀어주는 수업은 학생의 실력 향상을 기대할 수 없어요. 학생이 실제로 연필을 쥐고 직접 풀도록 해야 합니다. 특히 과외는 더욱더 그렇습니다. 그 학생만을 위한 수업이니 철저히 학생에게 맞춰야 하지요. 학생의 실력과 성향에 맞추는 것이 아니라 학생이 푸는 것을 옆에서 직접 보고 바로바로 피드백을 해주어야 한다는 뜻입니다.

개념과 공식을 가르쳐주면 학생이 다시 개념을 정리하고 공식의 증명을 해봐야 합니다. 문제를 풀 때도 먼저 사용되는 개념과 공식을 말해보게 하고 학생이 직접 계산하며 풀 수 있도록 해야 하지요. 대부분의 과외 수업은 숙제를 내주고 다음 수업 시간에 선생님이 숙제를 검사합니다. 학생은 자신의 질문을 오롯이 다 받아 줄 수 있는 선생님이 있기 때문에 풀다가 모르면 풀지 않고 그냥 다 남겨 오곤 하지요. 그러면 실력 없는 선생님은 그 문제를 일일이 다 풀어줍니다. 학생은 옆에서 고개를 끄덕이며 눈으로 보기만 하지요. 그러고는 다음 진도를 나갑니다. 수업이 끝나면 또 이번에 배운 부분의 숙제를 내주고 학생은 풀다가 모르는 부분은 다 남겨놓습니다. 악순환의 연속이지요. 이렇게 계속 공부하면 학생이 스스로 풀 수 있는 문제는 점점 더 줄어들게 됩니다. 못 푸는 문제가 더 산더미처럼 쌓일 수밖에 없지요.

과외는 부모 입장에서 당장 어떻게 수업하는지 잘 파악되지 않습니다. 시간이 지나 성적이 오르지 않는 아이를 보며 전혀 효과가 없었다는 것을 알게 되는 순간 비싼 과외비가 참으로 아깝게 느껴질 것입니다. 하지만 그보다 더 아까운 것은 되돌릴 수 없는 자녀의 소중한 시간입니다. 어떤 선생님을 만나느냐가 학생들에게는 정말 중요합니다. 학부모나 학생들은 물론 현재 수학을 가르치거나 수학 교사가 꿈인 분들을 위해 과외했던 학생 중에 기억나는 몇 가지 사례를 소개할게요.

◎ **중3 A군 _** 처음 수업을 할 때만 해도 문제를 풀 때 풀이 과정을 쓰는 것이 정말 엉망이었습니다. 풀이를 아예 쓰지 않는 경우도 많았지요. 모든 풀이를 책에 직접 했습니다. 그러다 보니 계산 실수도 많고 문제가 틀렸을 경우 풀이 과정을 살펴봐도 검토가 불가능했지요. 줄이 있는 노트에 풀이 과정을 쓰는 숙제를 내주고 다음 시간에 확인했는데 습관이 안 되어 있어서 그런지 여전히 엉망이었습니다. 옆에서 직접 풀이 과정 쓰는 방법을 알려줘도 영 달라지는 것이 없었지요. 그동안의 습관을 하루아침에 바꾸긴 쉽지 않았습니다. 그래서 이번엔 풀이를 다 쓰고 나서 해설지의

풀이를 그대로 다섯 번 따라 쓰게 했습니다. 처음에는 다섯 번이었지만 좀 익숙해지면 세 번, 그다음에는 두 번, 그러다 한 번으로 점점 줄여나갔지요. 이렇게 두 달 정도 지나니 풀이 과정이 제법 해설지와 비슷해졌습니다. 더 이상 해설지의 풀이를 따라 쓰지 않아도 될 정도로 말이지요.

그 이후 학생에게 달라진 것은 딱 두 가지였습니다. 실수가 줄어들고 질문이 많아졌습니다. 실수가 줄어든 것은 풀이 과정을 정확히 쓰는 동안 수학적으로 또 논리적으로 사고하는 습관이 길러졌기 때문입니다. 또 풀이 과정을 자세히 쓰다 보면 한 줄 한 줄 신중하게 생각하게 되므로 자신이 아는 것도 명확해지고 모르는 부분도 명확해집니다. 이렇게 세 달 동안 트레이닝을 한 후에 이 학생은 학교 시험에서 반 석차 3등 안에 들 정도로 성적이 올랐습니다.

◎ **고1 B양 _** 수학 성적이 반 평균에도 미치지 못할 만큼 수학을 어려워하고 또 무척이나 싫어하는 학생이었습니다. 시험을 앞두고는 어디서부터 어떻게 공부해야 할지 무척 막막해했어요. 이런 학생에게 어떻게 하면 수학 공부를 열심히 하게 할 수 있을까 고민을 많이 했습니다. 숙제를 내주면 열 문제 중 두 문제만 풀고 여덟 문제는 모른다며 그대로 남겨오곤 했지요. 처음에는 모르는

문제를 일일이 다 설명해주었습니다. 그러나 설명만 들을 뿐 그 이후에 공부를 하지 않으니 소용없었지요. 숙제를 내줘도 다 모른다고, 안 풀린다는 말뿐이었습니다.

그래서 하루는 맘을 단단히 먹고 선생님도 공부할 게 있어서 네가 문제를 다 풀 때까지 집에 안 가고 옆에서 같이 공부하겠다고 엄포를 놓았어요. 그때 알았습니다. 문제는 선생님이 아니라 학생이 풀어야 한다는 것을 말이지요. 선생님이 100문제를 설명하며 풀어주는 것보다 학생 스스로 한 문제를 푸는 것이 더 낫다는 사실을요. 처음에는 풀이를 다 설명해주고 다시 풀어보라고 했습니다. 풀 때까지 계속 기다린다고 하니 어쩔 수 없이 문제를 풀긴 풀더라고요. 틀린 것은 간단히 설명해주고 또다시 풀라고 했습니다. 문제 푸는 시간이 오래 걸려서 어느새 밥 먹을 시간이 되면 학생 집에서 밥도 같이 먹으며 문제를 다 풀 때까지 기다렸어요. 그렇게 하다 보니 차츰 학생 집에 머무는 시간이 줄어들기 시작했습니다.

지금 생각해보면 '뭘 그렇게까지 열심히 가르쳤나'라는 생각도 듭니다. 하지만 그땐 오기로라도 어떻게든 이 학생의 성적을 올리고 싶었습니다. 학생의 첫 내신 시험이 있던 전날에는 학생 집에서 하루 종일 같이 있었습니다. 이러한 노력 덕분에 학생의 내신 성적은 40점에서 70점까지 올랐습니다. 그리고 차차 자신의 페이스를 찾아서 예전보다 쉽게 수학 공부를 할 수 있게 되었습니다.

◎ **고3 C군 _** 수능 시험을 앞두고 모의고사 점수가 잘 안 나와서 과외를 시작한 학생이었습니다. 직전에 본 모의고사 성적이 60점이었지요. '학생이 푼 시험지에 답이 있다!' 이것이 진리라는 걸 알기에 학생이 푼 모의고사 시험지를 꼼꼼히 살펴보며 틀린 문제들을 분석해보았습니다. 그랬더니 맞을 수 있는 문제들을 많이 틀렸더군요. 틀린 문제의 오답 체크는 학생이 이미 해놓은 상태였어요.

하지만 해당 문제를 풀 때 활용해야 하는 개념을 설명해보라고 했더니 정확히 설명하지 못했습니다. 즉 개념 학습이 잘 안 되어 있었어요. 개념과 공식을 배워서 알고 있긴 했지만 수학은 정확하게 알지 않으면 모르는 것과 같습니다. 그래서 결론을 내렸지요. 한 달 간은 모의고사 문제풀이를 하지 않고 개념 정리만 하겠다고요.

그렇게 학생과 함께《수학의 정석》을 펼쳤습니다. 어떻게 생각하면 이건 모험이었어요, 수능 시험을 앞둔 고3 학생을 상대로 모의고사 문제를 풀지 않고 예전에 보았던 개념서를 다시 꺼내들자고 하는 것은 쉽지 않은 결정이었지요. 단원마다 빨간 박스 안에 빨간 글씨로 정리된 부분을 외우게 했고, 그것과 관련된 문제를 다 풀게 했습니다. 한 달이면 충분했지요. 그동안 모의고사 문제를 풀면서 학생 나름대로 계속 개념과 공식을 적용해왔기 때문에 모르는 것이 아니라 확실히 정리가 안 된 것뿐이었습니다. 중고등수학은 개념과 공식들을 활용하여 만들어진 문제를 풀이하는 것 그 이상도 그 이하도 아닙니다. 수능 시험 문제는 더욱더 그렇습니다. 한 달 동안 개념서로 다시 개념 학습을 해야 한다는 제 결정을 믿고 따라와 준 학생은 바로 다음 모의고사에서 80점이라는 성적표를 받을 수 있었습니다.

56명 중 42명을 4년제 대학에 보낸 비결: 자발적 노력으로 이어지는 목표 설정

교사가 되고 첫 발령받은 곳은 경기여고였습니다. 초보 교사였지만 덜컥 고3 담임을 맡게 되었지요. 당시 경기여고에는 선생님이 100명 정도 근무했는데 제 나이가 가장 어렸어요. 고3 아이들 56명을 대학에 잘 보내야 한다는 사명감에 어깨가 정말 무거웠습니다. 가슴이 꽉 막힌 듯 답답하고 숨이 잘 쉬어지지 않을 만큼 하루하루 엄청난 부담감이 몰려왔어요. 제가 고3이던 시절에도 하루 7시간은 꼬박 잠을

잤는데 고3 담임을 맡은 뒤로 오히려 잠을 제대로 잘 수 없었습니다.

고3 아침 보충 수업이 7시 30분부터 시작이었고 반 아이들에게 야간 자율학습(야자)을 강제로 시켜야 했습니다. 반 아이들을 한 명 한 명 철저하게 직접 관리했습니다. 야자를 빠져야 할 경우에도 미리 월별로 학부모를 통해 경위서를 받았지요. 야자 감독을 할 때는 아이들의 수학 관련 질문을 다 받아주었습니다. 아이들을 야단치는 방법을 그때 배웠어요. 아이들이 두려워하는 것은 야단맞는 것이 아니라 무관심이라는 것도 그때 알았지요. 결석하면 집에 찾아갔고, 지각하면 아이 부모님께 전화를 드렸습니다.

아이들도 다 알더라고요. 담임선생님이 반 아이들에게 얼마나 신경 쓰고 열심히 노력하는지요. 그러한 선생님의 노력에 부응하기 위해서라도 아이들은 더 열심히 공부했습니다. 그 결과 56명 중 42명을 4년제 대학에 보낼 수 있었어요. 대학이 지금처럼 많지 않고 학생 수가 많아서 대학 가기가 매우 어려웠던 시절이라는 걸 감안하면 무척 보람된 성과였습니다. 자신의 목표를 위해 노력하고 스스로 길을 찾는 아이들도 있지만 대부분의 아이들은 누군가의 지도와 도움이 필요합니다. 수학 공부에 있어서도 마찬가지지요.

3개월 만에 수학 점수를 20점 올린 비결: 철저한 개념 중심 수업

교사 생활을 접고 대치동에 수학 학원을 열면서 학교와 학원은 정말 다르다는 것을 절실히 깨달았습니다. 학교는 언제나 그곳에 학생이 있고, 그 안에서 교과 학습은 물론 인성 교육과 공동체 생활을 배우는 하나의 작은 사회였다면 학원은 학생이 매달 등록을 해야 하고 오직 학생의 성적이 오르는 것을 목표로 하는 곳입니다. 대학생 때부터 해온 과외 수업과 교사 생활, 여러 참고서와 학습지를 펴내면서 쌓은 노하우로 수업에는 누구보다 자신이 있었어요. 하지만 학원은 당장 눈앞의 성과를 내야 했습니다. 학생이 학원에 왔다면 그날 얻어가는 것이 반드시 있어야 하고 성취감이 있어야 했지요. 공교육에 있다가 사교육으로 오니 모든 수업에 있어서 정말 학생이 주인이라는 마음으로 하지 않으면 안 되었지요.

과외 수업 때와 마찬가지로 철저히 개념 학습 위주로 수업했습니다. 또 학생들이 결석하지 않도록, 숙제를 빠짐없이 모두 해올 수 있도록 철저히 관리하며 신경을 많이 썼습니다. 학생들이 문제를 풀면 오답 문제들을 개인별로 프린트해서 나눠주었지요. 이건 학습의 기본이니까요. 무엇이든 기본에 충실해야 합니다.

수업은 늘 핵심적인 개념 설명 위주로 진행하며 한 번에 많은 걸

주입시키려고 하지 않았습니다. 한 번에 많은 것을 가르쳐주면 학생들이 다 이해하지도 못할 뿐더러 헷갈려 합니다. 오늘 배운 한 가지를 정확하게 알고 돌아가도록 했습니다. 문제를 풀 때도 그냥 풀어주지 않고 학생들의 생각을 유도한 뒤에 학생이 직접 풀도록 이끌었지요. 학원에서 이렇게 수업을 진행하면 학생은 집에 가서도 이런 방식으로 문제를 풉니다. 몇몇 학원 강사들을 보면 혼자만의 수업을 하는 경우가 있어요. 개념 설명부터 문제풀이까지 모든 것을 다 해주려고 하지요. 하지만 좋은 강의는 학생들 스스로 문제를 잘 풀도록 이끄는 강의입니다.

제 강의는 매우 간결합니다. 강의 시간에 핵심 개념에 대한 설명만 명확하게 하기 때문이지요. 개념만 확실히 알면 문제풀이는 저절로 됩니다. 수업 중에는 칠판의 왼쪽에 그날 배우는 개념과 공식을 설명하면서 정리해놓습니다. 수업이 끝날 때까지 지우지 않기 때문에 학생들은 보고 싶지 않아도 오늘 배우는 개념과 공식을 수업 내내 볼 수밖에 없지요. 문제풀이를 할 때는 이것들을 어떻게 적용해야 하는지, 또 어떤 순서대로 적용해야 하는지 알려줍니다. 수학 문제풀이는 이게 전부입니다.

개념 설명 위주로 수업을 하고 나면 그다음은 매우 편합니다. 개념이 탄탄하면 문제풀이가 수월해지고 오답이 훨씬 덜 나옵니다. 문제풀이에 들어가면 개념 학습이 탄탄히 되어 있는 학생과 그렇지 않은 학생의 차이가 극명히 드러나지요. 개념과 공식을 이해하고 완벽하게 외우고 있는 학생은 문제풀이에 어려움이 없습니다.

이런 제 강의를 듣고 3개월 만에 수학 점수를 20점 올린 학생도 있고, 원하는 대학에 입학한 뒤 고맙다고 찾아오는 학생들도 제법 많습니다. 부족했던 학생을 열심히 가르쳐서 성적이 많이 오르는 것을 지켜보는 것도 매우 뿌듯하지만 수학을 포기하려던 학생에게 수학이 어렵지 않고 재미있을 수 있다는 것을 제대로 알려주었을 때 선생님으로서 매우 큰 보람을 느낍니다.

수학을 포기하는 학생들이 줄어들길 바랍니다. 또 수학 때문에 원하는 대학, 원하는 학과에 가지 못하는 일이 줄어들길 바랍니다. 오랫동안 학생들에게 수학을 가르쳐온 경험을 통해 깨달은 노하우를 이 책을 통해 전하고 싶었습니다.

수학은 어렵지 않아요. 편견을 깨고 더 효과적인 방법을 찾으면 그 어떤 과목보다 재미있고, 노력한 만큼 정직하게 성적이 오르는 과목이 될 수 있어요. 다시 한 번 말하지만 수학은 '암기'입니다. 이 사실부터 외우고 이제부터라도 제대로 된 수학 공부를 시작해봅시다.

대치동 입시 수학 30년 내공의 비밀

수학은 암기다

제1판 1쇄 발행 | 2023년 2월 15일
제1판 8쇄 발행 | 2024년 6월 5일

지은이 | 김현정
펴낸이 | 김수언
펴낸곳 | 한국경제신문 한경BP
책임편집 | 마현숙
교정교열 | 장민형
저작권 | 박정현
홍보 | 서은실 · 이여진 · 박도현
마케팅 | 김규형 · 정우연
디자인 | 장주원 · 권석중
본문디자인 | 디자인 현

주소 | 서울특별시 중구 청파로 463
기획출판팀 | 02-3604-590, 584
영업마케팅팀 | 02-3604-595, 562 FAX | 02-3604-599
H | http://bp.hankyung.com E | bp@hankyung.com
F | www.facebook.com/hankyungbp
등록 | 제 2-315(1967. 5. 15)

ISBN 978-89-475-4852-6 03410

책값은 뒤표지에 있습니다.
잘못 만들어진 책은 구입처에서 바꿔드립니다.